DELIUS KLASING

ALEXANDER WORMS

Watt, Volt und andere Schikanen

Troubleshooting Yachtelektrik

Delius Klasing Verlag

⚠️ **ACHTUNG:** Strom ist gefährlich und kann tödlich sein! Arbeiten Sie nur am Bordnetz, wenn dieses stromlos ist, trennen Sie immer vor Arbeiten an Bord den Landstrom vom Bordnetz und schalten Sie den Umformer aus. So kann keine tödliche 230-Volt-Spannung anliegen. Lassen Sie ihre Arbeiten im Zweifel von einem Fachmann kontrollieren und sichern Sie ALLE Stromkreise sinnvoll ab. Im Zweifel heißt es immer: Finger weg!

Bibliografische Information der Deutschen Nationalbibliothek
Die Deutsche Nationalbibliothek verzeichnet diese Publikation
in der Deutschen Nationalbibliografie; detaillierte bibliografische
Daten sind im Internet über http://dnb.d-nb.de abrufbar.

1. Auflage
ISBN 978-3-87412-190-3
© by Delius Klasing Verlag GmbH, Bielefeld

Lektorat: Alexander Failing, Felix Wagner
Umschlaggestaltung: Buchholz.Graphiker, Hamburg
Fotos einschließlich Titel: Alexander Worms, wenn nicht anders angegeben
Abbildungen: Katja Rüppell, weiteweltdesign, Hamburg
Layout: Gabriele Engel
Lithografie: scanlitho.teams, Bielefeld
Druck: Himmer AG, Augsburg
Printed in Germany 2013

Delius Klasing Verlag, Siekerwall 21, D-33602 Bielefeld
Tel.: 0521 / 559-0, Fax: 0521/559-115
E-Mail: info@delius-klasing.de
www.delius-klasing.de

Inhalt

Vorwort

Wer sich auf dem Wasser fortbewegt muss eine Menge wissen. Es gilt die Verkehrsregeln zu kennen und das Boot zu beherrschen, dann kommen das Wetter, die Navigation, Motorkunde und Menschenführung hinzu. Was in den letzten Jahren zudem an Bedeutung gewinnt, ist das Wissen um die Elektrik. Denn während früher der Dieselmotor und der Außenborder sowieso noch von Hand gestartet werden konnten, geht das heute zumeist nicht mehr. Kurzum: Elektrik gehört mittlerweile an Bord einfach dazu. Also muss der verantwortungsbewusste Skipper sich mit dem Thema auseinandersetzen. Doch wie viel Wissen ist erforderlich? Die Frage ist kaum zu beantworten, und doch wurde hier in diesem Buch ein Antwortversuch gestartet. Die Zahl der am Markt verfügbaren Bücher zum Thema ist hoch, aber sie holten mich zumeist nicht da ab, wo ich stand. Zwar konnte ich dort theoretisch viel über die Funktion einer Batterie, die Berechnung von Widerständen oder gar »Das Wechselstrom-Konzept mit generatorfreier Periode« (Victron Energy, Immer Strom , Version 9, Juni 2011) lesen. Aber was das alles genau für das Arbeiten mit Strom an Bord bedeutete, erschloss sich mir oft nicht direkt. Ein Buch müsste her, dass den kompletten Bordstromneuling, wie ich einer war, von Anfang an begleitet. Das die Grundlagen leicht verständlich erklärt und auch die nächsten Schritte des „Erwachsenwerdens" als Eigner immer größerer und damit womöglich auch komplexerer Bordsysteme abdeckt. Zudem sollte es auch die Fragen von Charterern beantworten, denn schließlich kann so ein Charterschiff auch mal nicht funktionieren. Wer dann die Ankerwinsch mit Bordmitteln wieder fit bekommt, muss keinen ganzen Urlaubstag damit vertrödeln, auf den Techniker zu warten. Naja, und so ist dieses Buch entstanden. Eher kompakt, sprachlich für Nicht-Fachleute und dennoch sachlich richtig. Viel Spaß beim Lesen und viel Erfolg beim Basteln.

Natürlich kann solch ein Buch nie von einer Person alleine geschultert werden. Viele Menschen haben dabei geholfen. Zunächst meine Frau Tine, die mich auf jede erdenkliche Art unterstützt hat, die Verlagslektoren Alexander Failing und Felix Wagner, die Grafiker, alle Menschen die ich ansprechen und jederzeit um Rat bitten konnte. Besonderen Dank gilt zudem Fridtjof Gunkel, der mich letztlich zu diesem Buchprojekt ermutigte, meinem Physiklehrer Bernhard Wiesemann, Olaf Schmidt und Peter Bremen für die ersten gemeinsamen Schritte im Bordnetz meines ersten Segelbootes. Danke! *Alexander Worms*

1.1 Ampere, Volt oder Watt?

Wer sich mit dem Thema Elektrik auf Yachten beschäftigt, ist gut beraten, sich mit ein wenig theoretischem Wissen zu wappnen. Dieses Wissen hilft, findigen Verkäufern kompetent gegenüberzutreten und im Fehlerfall schnell und zielgerichtet das Übel zu finden und auszumerzen. Zudem dient es dazu, bei der Auslegung des eigenen Bordnetzes die richtigen Entscheidungen zu treffen. Da es wirklich nur ein wenig Theorie sein soll, im Folgenden also ein Ausflug zu Watt, Volt und Ampere.

Elektrizität wird auf Booten im Wesentlichen für zwei Dinge benötigt: Elektromotoren sollen sich drehen, etwa in der Ankerwinsch, der Trinkwasserpumpe oder dem Kompressorkühlschrank, oder Wärme beziehungsweise Licht sollen erzeugt werden. Das ist dem Wesen nach übrigens dasselbe. Um den zweiten Fall kümmern wir uns in Kapitel 1.2. Stellen wir uns für den ersten Fall eine Ankerwinsch vor. Sie soll Anker und Kette aus der Tiefe an Deck befördern. Dazu muss sie das Grundeisen und die schwere Kette etwa 20 Meter in die Höhe ziehen. Angetrieben wird sie durch einen Motor, der seine Energie wiederum aus einer Batterie erhält.

Anstelle des Motors stellen wir uns ein Mühlrad vor – genau so, wie an einer Wassermühle. Die Batterie ist ein sehr großer Tank voll mit Wasser. Damit sich das Mühlrad mit dem schweren Anker an seiner Kette überhaupt bewegt, braucht es eine ganz schöne Menge Wasser auf den Schaufeln des Rades. Doch die Menge des Wassers ist nicht die einzige Einflussgröße. Es ist leicht vorstellbar, dass ebenfalls die Geschwindigkeit, mit der das Wasser auf die Schaufeln trifft, Einfluss auf die Aufholgeschwindigkeit des Ankers hat: mehr Geschwindigkeit des Wassers, mehr Geschwindigkeit beim Aufholen.

Oder anders: Trifft das Wasser mit mehr Geschwindigkeit auf die Schaufeln, kann man mit einer kleineren Menge Wasser die Ankerkette und den Anker an Bord hieven. So ist das auch mit dem Strom. Der ist in unserem Vergleich die Menge Wasser. Er wird in Ampere gemessen. Die an der Ankerkette zu verrichtende Arbeit ist die Leistung in Watt. Die Geschwindigkeit oder der Druck des Wassers ist die Spannung. Sie wird in Volt gemessen. Natürlich stehen diese

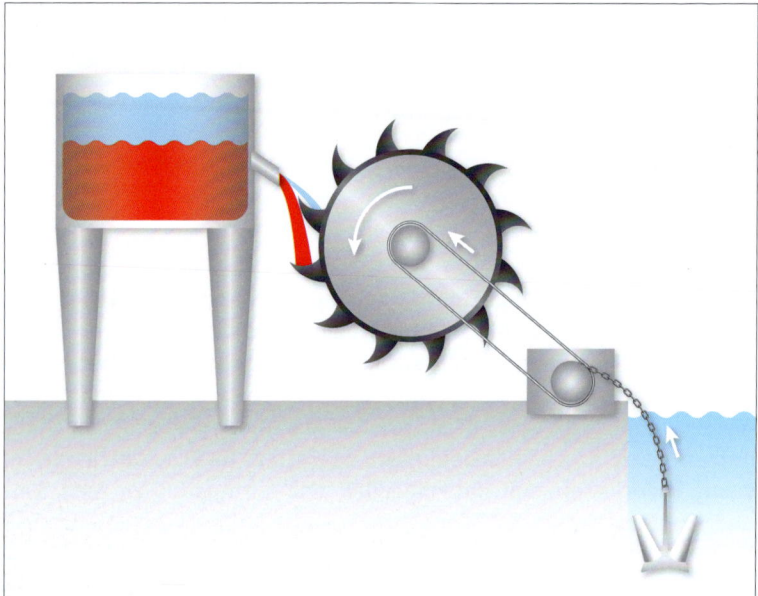

Der Wassertank ist wie ein Akku: Voll hat er mehr Druck (Spannung). Sinkt der Wasserstand, benötigt man mehr Wasser bei weniger Druck, um dieselbe Leistung zu erbringen.

Größen im Verhältnis zueinander. Aus dem Physikunterricht wird man sich noch an das Verhältnis von Kraft, Strecke und Arbeit erinnern:

Arbeit = Kraft × Strecke.

Ähnlich ist es auch beim Strom:

Watt = Ampere × Volt.

Oder analog zu unserem Beispiel:

**Aufzuholender Anker mit Kette =
Wassermenge × Wasserdruck.**

Der Einfachheit halber gehen wir davon aus, dass die Leistung in Watt, also die Arbeit, die zum Aufholen des Ankers benötigt wird, im Laufe des Vorgangs konstant ist. Was hingegen nicht konstant ist, ist die Geschwindigkeit des Wassers. Es ist leicht vorstellbar, dass diese abnimmt, sobald der Tank leerer wird, also von oben weniger Gewicht auf das aus dem Tank strömende Wasser drückt. Nimmt seine Geschwindigkeit ab, muss logischerweise mehr Wasser fließen, um die gleiche Leistung zu verrichten.

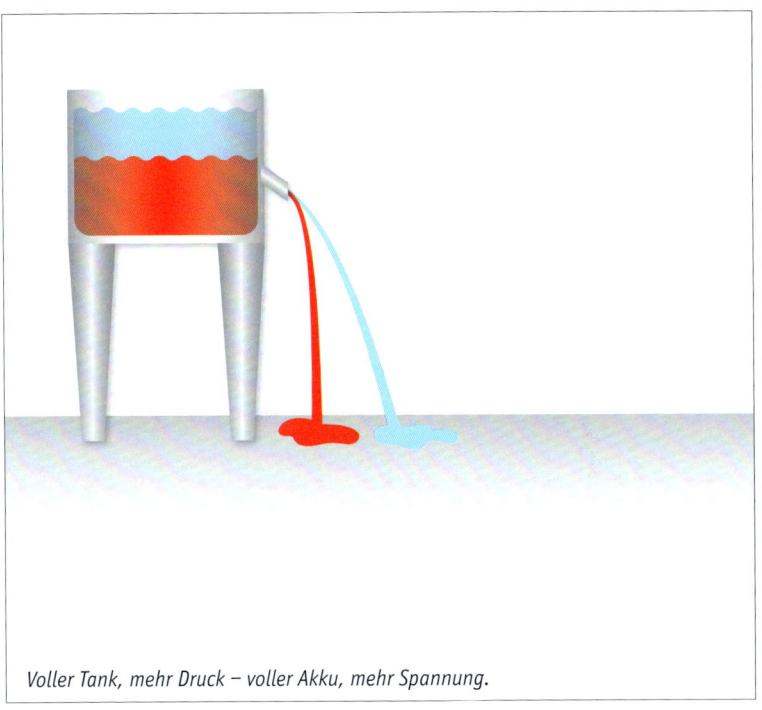

Voller Tank, mehr Druck – voller Akku, mehr Spannung.

Ein Beispiel: Die benötigte Leistung sei konstant bei 16. Die Spannung, also die Geschwindigkeit, sinkt im Laufe des Prozesses von 4 auf 2. Also lautet die Gleichung: Leistung (16) = Spannung (4) × Strom (4). Sinkt die Spannung, heißt die Gleichung:

Leistung (16) = Spannung (2) × Strom (8).

Elektrisch heißt das: Wird die Batterie leerer, sinkt die Spannung bei konstanter Leistung fließt dann mehr Strom, wodurch die Batterie wiederum schneller leer wird usw. Wie lange darf nun aber das Aufholen der Ankerkette dauern, bis die Batterie (also der Wassertank) leer ist?

Dazu helfen die Angaben auf den Geräten. Auf unserer Ankerwinsch steht: 1200 Watt. Das heißt, wenn sie eine Stunde läuft, verbraucht sie 1200 Watt oder 1200 Wattstunden oder 1,2 Kilowattstunden (KWh). Auf dem Typenschild des Akkus steht 200 Ah, diese Abkürzung steht für Amperestunden. Ein Akku mit 200 Amperestunden kann theoretisch 200 Stunden lang ein Ampere abgeben. Oder zwei Stunden lang 100 Ampere. Wie gesagt: theoretisch, denn erstens gibt es einen Maximalstrom, den der Akku auf einmal zur Verfügung stellen kann. Dieser hängt vom Batterietyp ab (siehe Kapitel 4.1). Zweitens kann ein Akku, wieder abhängig vom Typ, mehr oder weniger von seiner Kapazität abgeben, ohne dabei Schaden zu nehmen, also etwa vorzeitig zu altern oder gar gänzlich seine Funktion zu verlieren. Wir gehen hier einmal von 50 Prozent Maximalabgabe aus. Es stehen hier also 100 Ah zur Verfügung. Wenn Watt = Volt × Ampere ist, wir eine 12-Volt-Batterie und -Ankerwinde haben und nun wissen möchten, wie viel Ampere das bedeutet, gilt ja: Watt : Volt = Ampere, mithin 1200 W : 12 V = 100 A. Ist der Akku also ganz voll geladen, kann die Ankerwinsch eine Stunde lang arbeiten, bis er so leer wird, dass er erneut aufgeladen werden muss.

Wie lange wäre nun die Zeit, wenn es ein 24-Volt-Bordnetz gäbe? Dann wären, vergleichbar des Bauraums und Gewichts zu obigem 200-Amperestunden-Akku, zwei je 100 Ah große 12-Volt-Akkus in Reihe geschaltet, die die erforderlichen 24 Volt liefern. Dann wären 1200 Watt : 24 Volt = 50 Ampere. Auch hier könnte also nur eine Stunde lang gehoben werden.

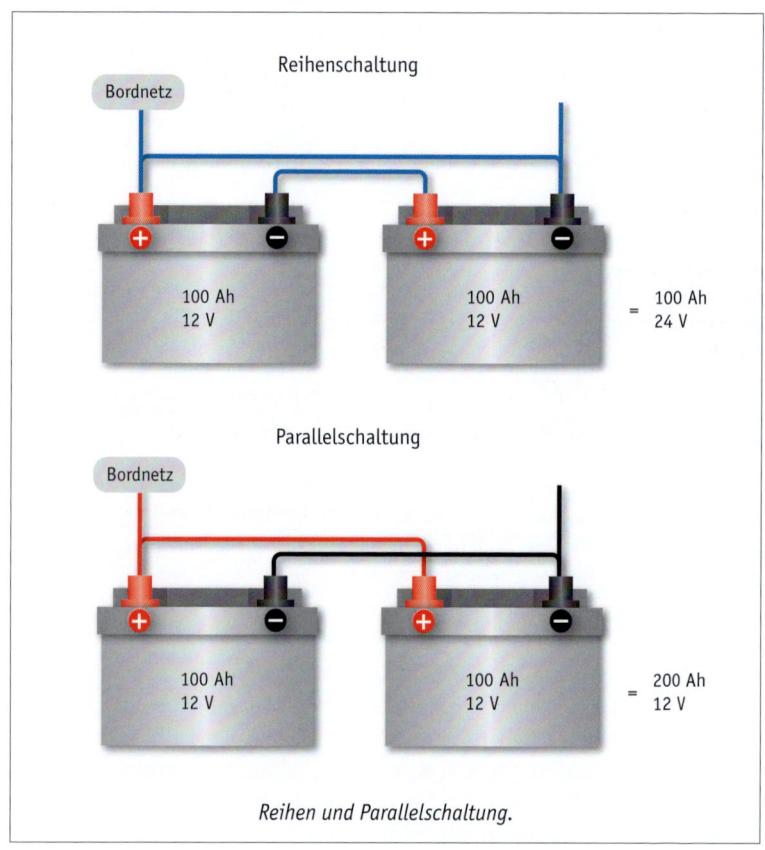

Reihen und Parallelschaltung.

Warum? Schaltet man die Akkus hintereinander, also in Reihe (Pluspol Akku 1 auf Minuspol Akku 2), verdoppelt sich die Spannung. Die Kapazität, also die Amperestunden, bleiben aber gleich. Da zwei je 100 Ah große Akkus verwendet wurden und davon ja nur 50 Prozent Maximalabgabe zur Verfügung stehen, kommt man bei einem Bedarf von 50 Ampere auch nur 50 Ah, also eine Stunde, weit. Aber: Die Menge des geflossenen Wassers aus dem Anfangsbeispiel ist geringer. Es konnte dennoch die gleiche Arbeit verrichten, weil die Spannung, also der Druck des Wassers, höher war (warum das wichtig ist, steht in Kapitel 1.2). Alternativ können mehrere Akkus auch parallel geschaltet werden. Das ist sinnvoll, wenn der für die Akkus zur Verfügung stehende Platz auf einer Yacht nicht an ein und derselben Stelle liegt, also die Batterien etwa unter den Bodenbrettern verteilt werden müssen, quasi nebeneinander. Dazu werden die Plus- und die Minuspole untereinander verbunden.

 ACHTUNG: Es können nur gleich große und gleich volle Akkus in Reihe oder parallel geschaltet werden.

Wichtige Punkte:

▶ Zum Verstehen von Strom hilft das Beispiel mit der Wassermühle.

▶ Watt, Volt und Ampere, also Leistung, Spannung und Strom, stehen im Verhältnis zueinander, wobei die Leistung vom Verbraucher und die Spannung vom Bordnetz vorgegeben wird.

▶ Es gilt: Watt = Volt × Ampere, analog Ampere = Watt : Volt, analog Volt = Watt : Ampere.

▶ Um Kapazität oder Spannung zu verändern, können mehrere Akkus parallel oder in Reihe geschaltet werden; die gespeicherte Leistung ändert sich dabei nicht!

▶ Es können nur gleich große und gleich volle Akkus miteinander verschaltet werden.

1.2 Kabel, Sicherungen, Querschnitte, Widerstände und Verbindungen

Strom ist gefährlich. Das lernen wir schon in frühester Jugend. Viele denken, bei 12 Volt – wie auf den meisten Yachten – sei dies nicht der Fall. Doch weit gefehlt! Zwar verspürt man beim Anfassen allenfalls ein unangenehmes Kribbeln, doch die niedrige Spannung hat andere Tücken. So kann sie zu Bränden an Bord führen, wenn das System nicht ordentlich ausgelegt ist. Wieso? Die Antwort findet sich in diesem Kapitel.

Widerstand

Man stelle sich anhand unseres Ausgangsbeispiels vor, das Wasser würde aus dem Vorratstank durch Schläuche auf das Mühlrad geführt – so, wie Strom durch Kabel an Bord fließt. Dann ist es leicht einzusehen, dass das Wasser in

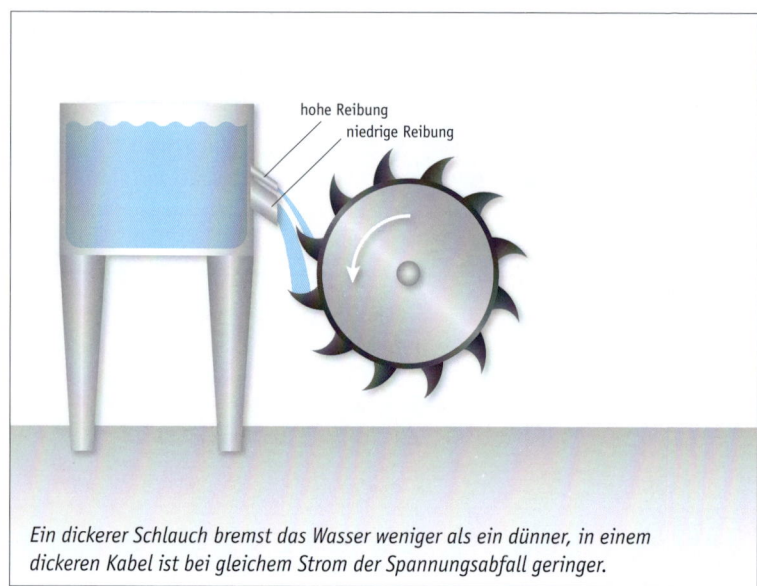

hohe Reibung
niedrige Reibung

Ein dickerer Schlauch bremst das Wasser weniger als ein dünner, in einem dickeren Kabel ist bei gleichem Strom der Spannungsabfall geringer.

dem Schlauch einen Widerstand wahrnimmt, wenn dieser im Verhältnis zur fließenden Menge Wasser zu dünn ist. Ist er extrem dick, also sein Querschnitt enorm hoch, so wird er nur wenig Widerstand für das Wasser darstellen. Ebenso ist sicherlich vorstellbar, dass die Länge des Schlauchs Einfluss auf den Widerstand hat. Ist er sehr lang, so wird sich das vorbeiströmende Wasser an den Wandungen des Schlauchs reiben. Es verlangsamt sich. Mehr Länge bedeutet mehr Reibung, also auch mehr Widerstand.

Es gilt: Der Widerstand eines Kabels wird größer, wenn es länger wird, und kleiner, wenn es dicker wird.

Während sich im Schlauch die Durchflussgeschwindigkeit reduziert, sinkt im Kabel die Spannung. Dadurch sinkt die Leistung am Verbraucher (Glühlampe wird weniger hell).

Fließt mehr Strom durch das Kabel, wird das Kabel durch erhöhte Reibung warm. Im Falle eines Glühdrahtes wird er sogar extrem warm. Sogar so sehr, dass die Energie nicht nur in Form von Wärme, sondern auch als Licht entweicht. Die Rede ist von einer Glühlampe. Ihr Glühfaden hat einen hohen Widerstand und einen hohen Schmelzpunkt. So kann er sehr heiß werden und leuchten, ohne zu schmelzen. Dies ist eine Art von elektrischem Verbraucher, der auf Widerstand basiert. Auch andere Geräte im Bordnetz haben einen Widerstand. Diese sollen uns hier jedoch nicht interessieren.

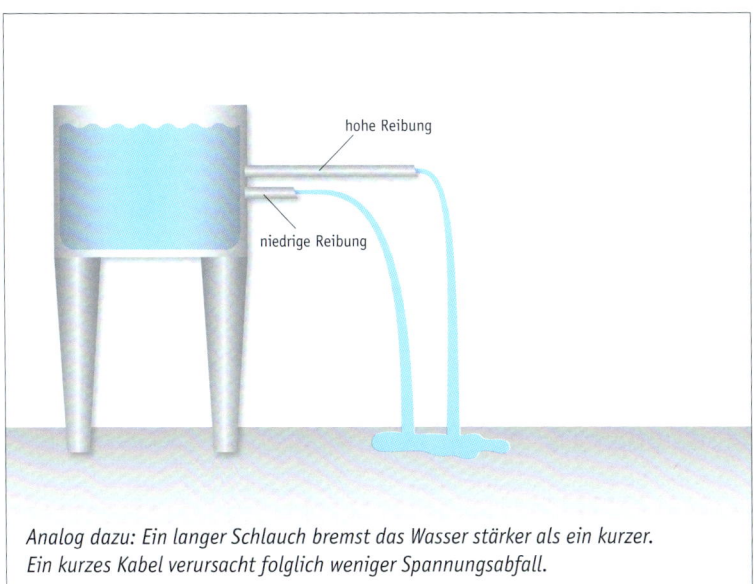

hohe Reibung

niedrige Reibung

Analog dazu: Ein langer Schlauch bremst das Wasser stärker als ein kurzer. Ein kurzes Kabel verursacht folglich weniger Spannungsabfall.

Da leuchtet nichts mehr: Das Salzwasser hat seine Arbeit getan, die Kontakte sind korrodiert.

Wie am Beispiel der Glühlampe zu sehen, erzeugt ein Widerstand also Wärme und einen Abfall der Spannung. Widerstände sind übrigens nicht nur Kabel. Auch Kontakte können Widerstände sein, wie etwa Lüsterklemmen, Kabel-Quetschverbinder oder korrodierte Anschlüsse etwa an einer Positionslampe.

Wie ein verrosteter Wasserhahn im Schlauch aus dem Beispiel. Ist der Durchmesser im Hahn durch Rost reduziert, stellt er einen Widerstand dar. Der Druck fällt dort, die Reibung wird sehr hoch. Ebenso verhält es sich mit schlechten Verbindungen im Stromkreis: an ihnen fällt die Spannung ab. Natürlich stehen auch Strom, Spannung und Widerstand in einem Verhältnis zueinander. Es ist ebenso simpel wie das von Watt, Volt und Ampere. Es lautet:

I = U : R; dabei ist I der Strom, U die Spannung und R der Widerstand.

Der Strom wird also kleiner, wenn der Widerstand zunimmt. Er wird in Ohm gemessen. Anders:

U = R × I oder I = U : R.

Was bedeutet dies für das Bordnetz? Zunächst heißt die erste Gleichung: Liegt eine hohe Spannung an und gibt es nur einen kleinen Widerstand, dann fließt viel Strom ohne großen Verlust und damit Spannungsabfall. Logisch: Viel Druck aus dem Wassertank und ein kurzer Schlauch mit großem Durchmesser führen zu einer großen Menge Wasser, die durch den Schlauch fließt. Die Formel U = R × I hilft im Bordalltag durchaus. U ist hier der Spannungsabfall an einem Widerstand. Der Widerstand sei ein Meter eines ein Quadratmillimeter dicken Kupferkabels. Er beträgt 0,0178 Ohm bei 20 Grad Celsius und ist eine materialspezifische Größe und Temperaturabhängig. Der Strom seien 70 Ampere, also beispielsweise eine Ankerwinsch mit 840 Watt Leistung (70 Ampere bei 12 Volt). Die Spannung sinkt pro Meter also um

Verschiedene Schmelzsicherungen: Die Farbe gibt Auskunft über den Auslösestrom. Bei den Stabsicherungen steht er auf den Metallsockeln.

Sicherungsautomaten: einmal ausgelöst, kann der Stromkreis durch Drücken des roten Knopfs leicht wieder geschlossen werden (erst Fehler suchen!).

STV 108

70 Ampere × 0,0178 Ohm = 1,25 Volt. Nach fünf Metern kämen also von den ursprünglichen 12 Volt nur noch magere 5,75 Volt an. Viele Verbraucher haben daher einen Unterspannungsschutz, der das Gerät abschaltet, wenn ein gewisser Wert unterschritten wird. Denn: weil ja Ampere = Watt : Volt gilt, ergibt sich zudem ein steigender Stromfluss. Bei der theoretisch konstanten Leistung würde die Halbierung der Spannung zu einer Verdopplung des fließenden Stroms führen. Das wiederum führt zu einem weiteren Abfall der Spannung und so weiter. Es ergäbe sich ein Teufelskreis, an dessen Ende das Kabel so heiß werden würde, dass seine Ummantelung zu brennen begänne. An diesem Beispiel lässt sich neben der Notwendigkeit ausreichend dicker Kabel die Sinnhaftigkeit einer Sicherung im Stromkreis erkennen. Sie ist die künstlich dünnste Stelle des Stromkreises und würde durchbrennen, bevor das Kabel zu heiß wird, und so den restlichen Stromkreis unterbrechen und damit schützen. Ein Sicherungsautomat hat einen sogenannten Auslösestrom, beispielsweise zehn Ampere. Er wäre geeignet für Stromkreise, in denen im Normalfall nicht mehr als eben zehn Ampere fließen. Allerdings wird in der Praxis immer noch etwas Puffer eingebaut, sodass die Sicherung nicht ständig auslöst. Wird besagter Auslösestrom überschritten, unterbricht die Sicherung den Stromkreis und schützt ihn so. Sie löst aus.

Wie gesagt sind ausreichend dicke Kabel sehr wichtig. Denn wäre das Kabel in unserem Beispiel nicht einen, sondern 16 Quadratmillimeter dick gewesen, hätte sich der Widerstand auf 1/16 des Ausgangswertes reduziert. Der Spannungsabfall pro Meter hätte lediglich 0,07 Volt betragen. Nach fünf Metern wären also immer noch 11,65 Volt (statt 5,75 Volt) angekommen. Es gilt also, bei der Auslegung des Bordnetzes tunlichst darauf zu achten, dass Widerstände minimiert werden. Das wird zum einen durch kurze Kabelwege (Akkus möglichst nahe bei den Verbrauchern platzieren), durch gute Verbindungen – wie Polklemmen auf den Akkus und Quetschverbindungen – sowie durch ausreichend dicke Kabel erreicht.

Kabel und Querschnitte

Dickere Kabel erzeugen weniger Widerstand. Warum sind dann nicht alle Kabel beispielsweise 16 Quadratmillimeter dick? Ganz einfach: Die Kabel bestehen zumeist aus Kupfer, und das hat neben dem großen Vorteil der guten Leitfähigkeit, also des geringen spezifischen Widerstands, zwei Nachteile: Es ist schwer und teuer. Kein Segler möchte aus seinem Schiff einen Kupferfrachter machen und permanent in Sorge sein, Diebe könnten in Abwesenheit des Eigners das rote Metall von Bord klauen. Es gilt also, die jeweils passende Kabeldicke zu ermitteln. Dabei hilft folgende Tabelle:

Kabelquerschnitt in mm² pro Länge						
Spannung in Volt	Max. Belastung in Ampere	3 m	5 m	10 m	12 m	15 m
12	4	1,5	1,5	2,5	4	4
12	6	1,5	2,5	4	6	10
12	9	2,5	4	6	10	10
12	13	2,5	6	10	10	16
12	18	4	10	10	16	16
12	21	4	10	16	16	25
24	3	1,5	1,5	1,5	1,5	1,5
24	5	1,5	1,5	1,5	2,5	2,5
24	7	1,5	1,5	2,5	4	4
24	9	1,5	2,5	2,5	4	6
24	12	1,5	2,5	4	6	6

Im folgenden Beispiel wollen wir zwei Verbraucher exemplarisch durchrechnen: Eine Kühlbox nimmt laut Typenschild eine Leistung von 36 Watt auf. Bei 12 Volt sind das drei Ampere fließender Strom. Angenommen, der Kabelweg vom Akku zur Box beträgt fünf Meter, so ergibt sich ein benötigter Querschnitt von 2 × 1,5 Quadratmillimetern (je ein Plus- und ein Minuskabel).

Als zweites Beispiel nehmen wir die Warmluft-Dieselheizung. Sie ist meist im Heck des Bootes verbaut und hat zudem eine Besonderheit: Beim Start benötigt sie viel Strom, um eine Glühkerze zu erwärmen. Für eine mittelgroße Anlage werden beim Start 70 Watt angegeben und nur 15 Watt im weiteren Betrieb. Natürlich muss das Kabel für den jeweils höchstmöglichen Strom ausgelegt sein. Da die Heizung im Heck verbaut ist, ergibt sich ein Kabelweg von zehn Metern. Bei 70 Watt Leistung fließt bei 12 Volt ein Strom von etwa 5,8 Ampere. In der Tabelle muss immer aufgerundet werden. Demnach gilt der Wert für sechs Ampere und zehn Meter: 2 × 2,5 Quadratmillimeter Kabel sind mindestens erforderlich. **Zur Sicherheit sollte der Strom, der fließt, bei Aufnahme der Nennleistung immer mit der Spannung berechnet werden, bei der das Gerät unterspannungsbedingt abschaltet – nicht mit der Nennspannung, also sozusagen mit dem worst case! Die Angabe zur unterspannungsbedingten Abschaltung findet sich in der Bedienungsanleitung des jeweiligen Gerätes.** Im Falle der Heizung sind das 10,2 Volt. Dann fließen bei 70 Watt etwa sieben Ampere (70 W : 10,2 V). In unserem Fall bedeutet das: sieben Ampere werden aufgerundet. Der Wert für neun Ampere und zehn Meter Kabellänge lautet vier Quadratmillimeter. Es sind also dickere Kabel zu verlegen, wenn mit der Mindest- und nicht mit der Nennspannung gerechnet wird. Selbstverständlich müssen die maximal möglichen Leistungen zugrunde gelegt werden, wenn der Querschnitt eines Kabels errechnet werden soll, an dem mehrere Verbraucher gleichzeitig hängen können. Ein Beispiel hierfür ist die Verbindung vom Akku zur elektrischen Schalttafel. Sie muss jederzeit ausreichend dimensioniert sein, auch wenn alle Verbraucher gleichzeitig eingeschaltet sind (zur Auslegung hilft die Energiebilanz in Kapitel 3.1).

Sicherungen

Sicherungen bringen, wie der Name schon sagt, Sicherheit an Bord. Sie sollen im Fall, dass mehr Strom fließt als für den Stromkreis vorgesehen, diesen unterbrechen. Sie »brennen durch« oder »lösen aus«. Sicherungen sind die dünnste Stelle des Stromkreises und damit der Ort, an dem ein Kabel zuerst und am stärksten erhitzt, da dort der Widerstand größer ist als im Rest des Stromkreises. Sie lösen also aus, wenn zu viel Strom fließt. Das kann passieren, wenn ein Gerät nicht mehr richtig funktioniert und mehr Leistung benötigt als üblich, der Stromkreis zu schwach für die benötigte Leistung ausgelegt ist oder es einen Kurzschluss gibt (dann fließt für kurze Zeit theoretisch unendlich viel Strom). Daran lässt sich jedoch auch erkennen, dass Kabelquerschnitt und Auslegung der Sicherung zueinander passen müssen. Der Auslösestrom der Sicherung sollte nicht stark über dem für den Stromkreis erwarteten Strom liegen. So sollte die Kühlbox aus obigem Beispiel mit fünf Ampere, die

Schaltpaneel mit Schmelzsicherungen. Sie verbergen sich hinter den Schraubdeckeln und sind nicht mehr Stand der Technik.

Luxuslösung: Schaltpaneel mit Bildschirm für Füll- und Akkustände.

Heizung mit maximal zehn Ampere abgesichert sein. **Der Auslösewert der Sicherung darf maximal dem Strom entsprechen, für den das verwendete Kabel in Querschnitt und Länge ausgelegt ist!**

Wo wird eine Sicherung in den Stromkreis eingebaut? Immer möglichst dicht am Akku im Pluskabel, also da, wo der Strom herkommt! So bleibt der Weg, den der Strom durch ein zu stark belastetes Kabel fließen kann, im Falle einer Fehlfunktion möglichst kurz. Nicht alle Kabel auf Yachten sind gleich dick. So wird die Verbindung vom Akku zur elektrischen Schalttafel üblicherweise einen großen Querschnitt aufweisen. Sie muss mit einer großen Sicherung, also einer mit einem hohen Auslösestrom, geschützt werden. Die einzelnen Stromkreise hinter der Tafel haben logischerweise kleinere Querschnitte. Die große Sicherung zwischen Akku und Verteiler würde diese nicht schützen. Daher sind in der Verteilertafel für jeden Stromkreis eigene Sicherungen verbaut. Sie können auslösen, wenn im jeweiligen Stromkreis etwas nicht stimmt, ohne gleich das ganze Schiff stromlos zu setzen. In den Schalttafeln erkennt man die verschiedenen Arten von Sicherungen: Früher waren sogenannte Schmelzsicherungen üblich. Sie brennen bei zu großen Strömen tatsächlich durch oder schmelzen. Einmal ausgelöst, sind sie nicht weiter verwendbar, sie sind defekt und müssen ersetzt werden. Daher müssen an Bord immer Ersatzsicherungen vorhanden sein.

Moderne Verteiler verwenden Sicherungsautomaten. Sie können nach einer kurzen Weile wieder eingeschaltet werden – natürlich nur, wenn die Ursache für das Auslösen behoben wurde. Ein Austausch ist nicht erforderlich. Sicherungen sind entweder als sogenannte fliegende Sicherungen direkt im Kabel verbaut oder – wie beschrieben – in der Schalttafel. Letztere sind komfortabel, da sie leicht auffindbar sind. Die fliegenden Sicherungen hingegen müssen, wenn sie ausgelöst haben, mitunter zunächst gesucht werden. Dennoch: Um große Ströme möglichst nah am Akku abzusichern, sind sie unerlässlich.

Verbindungen

Es ist offensichtlich, dass die verschiedenen Komponenten des elektrischen Systems auf Yachten miteinander verbunden werden müssen. Verbindungen müssen möglichst haltbar, wasserdicht und widerstandarm sein. Dazu gibt es eine Vielzahl von Möglichkeiten. Die Einfachste sind Lüsterklemmen. Aber es gibt auch Quetschverbinder und sogenannte Faulenzer. Auf die Besonderheiten von Verbindungen in elektrischen Systemen an Bord und wie man diese am besten ausführt, wird in Kapitel 2.3 genauer eingegangen.

- ▶ Der Widerstand eines Leiters steigt mit der Länge und sinkt mit dem Querschnitt des Leiters ($U = R \times I$).

- ▶ Der Querschnitt des Kabels muss zum maximal fließenden Strom passen (bei Mindestspannung!).

- ▶ Die Sicherung ist der dünnste Teil des Stromkreises.

- ▶ Der Auslösestrom einer Sicherung sollte etwas größer sein wie der zu erwartende Maximalstrom im Stromkreis.

- ▶ Verbindungen müssen fest sein und halten und sollen möglichst wenig Widerstand erzeugen.

1.3 12 Volt oder 230 Volt, was heißt hier gefährlich?

Strom ist gefährlich. Das gilt zumindest für größere Spannungen, bei 12 Volt kribbelt es allenfalls ein wenig. Zumindest glauben das viele. Doch weit gefehlt: Eine moderne Bordbatterie ist ein ganz schönes Kraftpaket. Eine so hohe Energiedichte findet sich sonst an Bord nur im Tank oder der Gasflasche. Da ist der sorgsame Umgang ganz selbstverständlich. Beim 12-Volt-Netz sollte er das auch sein!
Arbeiten am Bordnetz, egal ob 12 oder 230 Volt, gehören in die Hand eines Profis oder sollten nach Ausführung durch den Laien zumindest von einem solchen überprüft werden. Der Kontakt mit 230 Volt kann tödlich sein!

Es ist leicht vorstellbar, wie das Wasser aus unserem Ausgangsbeispiel mit so hohem Druck auf das Mühlrad schießt, dass es einen im Weg stehenden Menschen verletzen kann. Bei der Arbeit am Bordnetz gilt also: immer den Stecker vom Landstrom trennen und, sofern vorhanden, den Umformer, der aus 12 satte 230 Volt macht, ausschalten, da auch dort die tödliche Spannung generiert

Schützt das Schiff vor galvanischer Korrosion: galvanischer Isolator.

werden kann. Weiterhin gehören in den Landanschluss immer eine Erdleitung (grün-gelb) und ein FI-Schalter. Beide sorgen bei Kontakt eines Menschen mit leitenden Teilen dafür, dass der Strom unterbrochen wird und der Mensch eine Überlebenschance hat. Wer möchte, kann in das Erdkabel einen galvanischen Isolator oder einen Trenntrafo einbauen. Beide Geräte schützen vor galvanischer Korrosion an metallischen Teilen unterhalb der Wasserlinie und stellen gleichzeitig einen ausreichenden Schutz der Personen an Bord sicher (siehe auch Kapitel 5.1).

Klar, dass eine Sicherung das 230-Volt-Bordnetz vor Überlastung schützt! Bei 230 Volt besteht eine direkte Gefahr für den Menschen. Doch auch im Niedrigvolt-Bereich lauern Gefahren. Wie wir wissen, steigt der Strom, der

Macht das Gleiche, aber teurer: Trenntrafo von Victron.

fließt, mit konstanter Leistung und sinkender Spannung: Watt = Ampere × Volt. Ein Beispiel: Ein durchschnittlicher Kühlschrank an Bord hat eine Leistung von 50 Watt, wenn der Kompressor läuft. Liegt die Yacht am Landstrom, erkennen die meisten Kühlboxen dies und schalten auf 230-Volt-Versorgung, um die Bordakkus zu schonen. Der Strom, der fließt, ist Watt : Volt = Ampere, oder hier 50 Watt : 230 Volt = 0,21 Ampere. Sehr wenig also. Anders bei 12 Volt: 50 Watt : 12 Volt = 4,2 Ampere! Das ist eine ganze Menge, zumal wenn auf einem Kleinkreuzer nicht so große Batterien installiert sind. Außerdem müssen die Kabelquerschnitte auf diesen Strom ausgelegt sein, besonders wenn der Abstand von der Batterie zum Verbraucher, also hier der Kühlbox, größer wird. Und hier beginnt das Problem. Leitungen und Widerstände im Bordnetz bewirken einen Spannungsabfall. Dabei wandeln sie elektrische Energie in Wärmeenergie um. Das Kabel oder der Widerstand, beispielsweise eine Lüsterklemme, werden heiß. Sinkt die Spannung weiter, nimmt der Strom weiter zu, es wird mehr Wärme erzeugt. Verfügt der Verbraucher nicht über eine Unterspannungsabschaltung und der Stromkreis nicht über eine Sicherung, wird der Stromkreis nicht unterbrochen. Der Vorgang geht weiter, bis der Akku seine gesamte Energie in den Stromkreis gepumpt hat. Dabei wird das Kabel irgendwann so heiß, dass es zu brennen beginnt. Und zwar oft an versteckter Stelle, denn bei vielen Booten werden Kabel zwischen Innen- und Außenschale verlegt – unerreichbar für Löschversuche.

Auch 12 Volt können Schäden an Bord durch Hitze und Brand verursachen!

Analog zu dem Mühlradbeispiel würde das bedeuten, dass der Wasserdruck immer weiter abnimmt. Um das zu kompensieren, fließt immer mehr Wasser aus dem Vorratsbehälter. Irgendwann wird es so viel, dass das Mühlrad zerbricht. An diesem Beispiel wird deutlich, wo die Gefahr bei 12-Volt-Netzen liegt: Durch die niedrige Spannung fließen mitunter hohe Ströme. Diese erzeugen hohe Widerstände und damit hohe Temperaturen. Nur dicke Kabel, gute Verbindungen und vor allem die passende Absicherung schützen davor. Dabei wird leider oft geschludert: Wie oft wird ein Kabel ein Stück verlängert, dabei die Übergänge aneinander gefummelt und nicht auf Durchmesser geachtet? Wie oft werden defekte Schmelzsicherungen durch größere ersetzt, weil gerade keine andere zur Hand ist? Jetzt ist der Stromkreis nicht mehr geschützt, die Sicherung ist womöglich nicht mehr die schwächste Stelle. Die liegt nun woanders und beginnt dort, langsam zu überhitzen. Mit fatalen Folgen. Wenn eine Sicherung also defekt ist, gilt es zunächst, die Ursache dafür zu finden. Erst danach eine neue Sicherung der gleichen Größe einsetzen! Strom ist also kein Spielplatz – auch die vermeintlich ungefährliche, niedrige Spannung kann, zwar nur mittelbar, aber dennoch eine große Gefahr darstellen.

▶ Arbeiten am Bordnetz gehören in die Hand von Profis oder sollten von solchen überprüft werden!

▶ 230 Volt sind bei Berührung tödlich!

▶ Bei Arbeiten am Bordnetz immer den Stromkreis unterbrechen (Stecker raus, Umformer abschalten).

▶ Auch 12 Volt können eine Gefahrenquelle sein. Hohe Ströme können zu Überhitzung und Brand führen.

▶ Sicherungen NIEMALS gegen größere tauschen. Erst Ursache für das Durchbrennen suchen und beheben, dann gegen gleich große tauschen.

2.1 Benötigtes Werkzeug

Um die an Bord anfallenden Arbeiten sauber erledigen zu können, benötigt man vernünftiges Werkzeug. Auch wenn man denken mag: »Das brauche ich sowieso nicht so oft, dann kann ich auch billiges Material nehmen«, lohnt es sich, ein paar Euro mehr auszugeben. Denn der möglicherweise entstehende Schaden ist um ein vielfaches höher als die Mehrkosten für gutes Equipment.

Ein Beispiel: Eine gute Crimpzange, die Quetschverbinder am Kabel befestigt, kostet 50 bis 100 Euro. Allerdings stellt sie auch sicher, dass eine Verbindung wirklich hält. Das an einer Lichtmaschine angeschlossene Ladekabel leidet unter den Vibrationen des Motors. Löst es sich, kann der Regler Schaden nehmen, im ungünstigsten Fall gar die ganze Lichtmaschine. Mehrere 100 Euro Reparatur warten dann auf den Eigner. Zudem müssen Reparaturen an Bord zumeist in ungünstigen Situationen durchgeführt werden: Da stellt man bei Einbruch der Dunkelheit fest, dass die Navigationsbeleuchtung am Bug nicht funktioniert. Bei Seegang muss dann über Kopf hängend im Ankerkasten eine Kabelverbindung erneuert werden. Schlechtes Werkzeug kann in einer solchen Situation niemand gebrauchen.

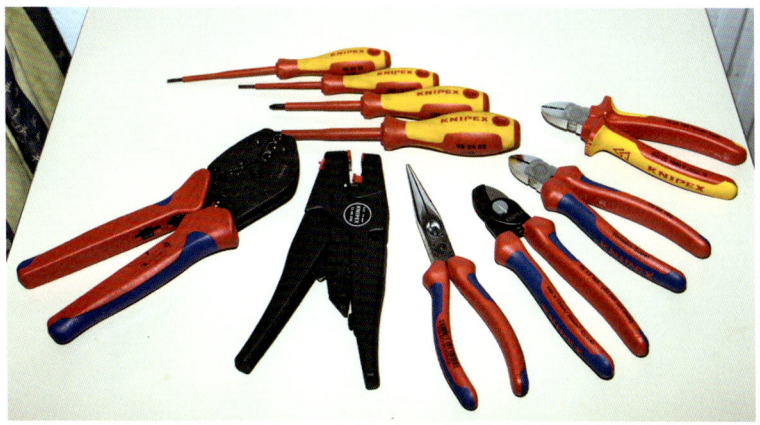

Macht die Arbeit an der Elektrik erst möglich: gutes Werkzeug.

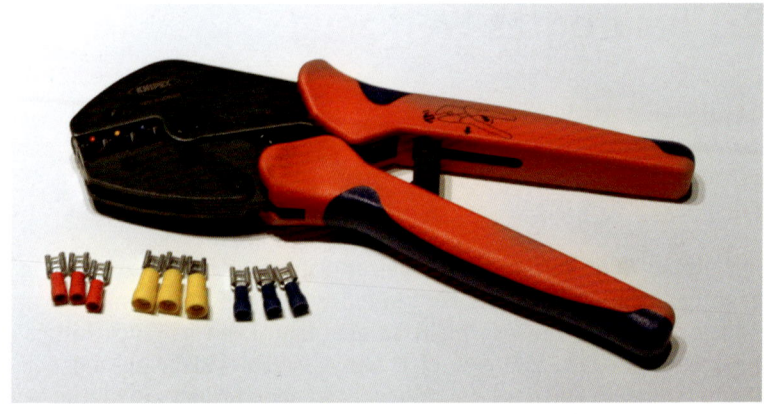

Zum Quetschen von Verbindern und Aderendhülsen: Crimpzange.

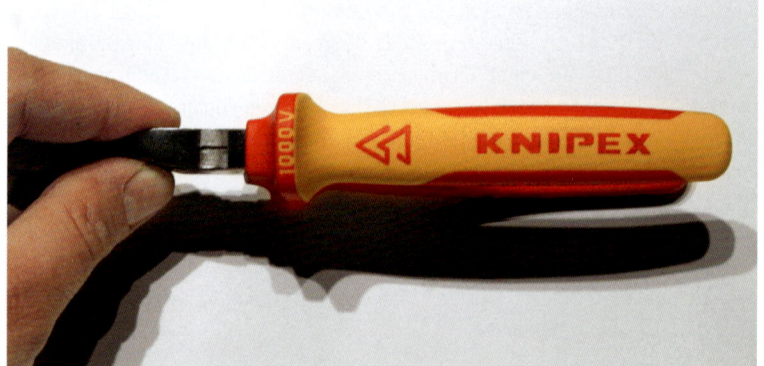

Die Farbe lässt es erkennen: Diese Zange ist bis 1000 Volt isoliert.

Kabel rein, zudrücken, fertig: automatische Abisolierzange.

Was hochwertigem und billigem Werkzeug gemein ist: Es schwimmt nicht. Was ins Wasser fällt, ist verloren. Das ist zum einen ärgerlich, kann zum anderen aber zum Problem werden, wenn genau dieses Teil für die anliegende Reparatur erforderlich ist. Der Tipp lautet also: Möglichst innerhalb der Kajüte arbeiten, oder, wenn nicht anders möglich, das Werkzeug mit einer dünnen Leine sichern. Zudem sollte Werkzeug an Bord seinen festen Platz haben – das gilt natürlich auch für Material, das nicht für Arbeiten an der Elektrik verwendet wird. Ein Koffer oder eine Kiste sorgen automatisch für Ordnung und schützen das wertvolle Material ein wenig vor Korrosion.

Zusammenstellung einer sinnvollen Bordausrüstung für Elektrik-Arbeiten:

- Seitenschneider bis sechs Quadratmillimeter Kabelstärke (evtl. mit Schutzklasse, siehe Foto)

- Kabelschere bis 16 Quadratmillimeter

- Spitzzange

- Crimpzange mit Quetschaufsätzen von 1,5 bis sechs Quadratmillimetern

- Wechselaufsätze für Aderendhülsen oder Aderendhülsenzange

- Abisolierzange

- Schraubendreher Schlitz und Kreuz mit Schutzklasse in verschiedenen Größen

▶ Gutes Werkzeug lohnt sich auch bei seltener Verwendung!

▶ Wenn Werkzeug benötigt wird, ist schlechtes Material oft fehl am Platz.

▶ Möglichst im Schiffsinneren arbeiten.

▶ Bei Arbeiten an Deck das Werkzeug anbinden.

▶ Ordentliche Lagerung erleichtert das Auffinden im Notfall.

2.2 Das Multimeter

Wie viel Spannung liegt an? Hat der Stromkreis Durchgang? Welcher Strom fließt? Antworten auf diese Fragen weiß das Multimeter. An Bord ist es vor allem für die Fehlersuche ein unerlässliches Werkzeug. Brauchbare Geräte gibt es schon für weniger als zehn Euro. Doch wie funktioniert es?

Multimeter sind alle ähnlich aufgebaut: Ein Batteriefach mit 9-Volt-Block auf der Rückseite, eine große Digitalanzeige, ein Wählrad in der Mitte, ein rotes und ein schwarzes Kabel sowie drei Steckplätze für die Kabel irgendwo unten an dem Gerät.

Nanu? Drei Steckplätze, aber nur zwei Kabel?

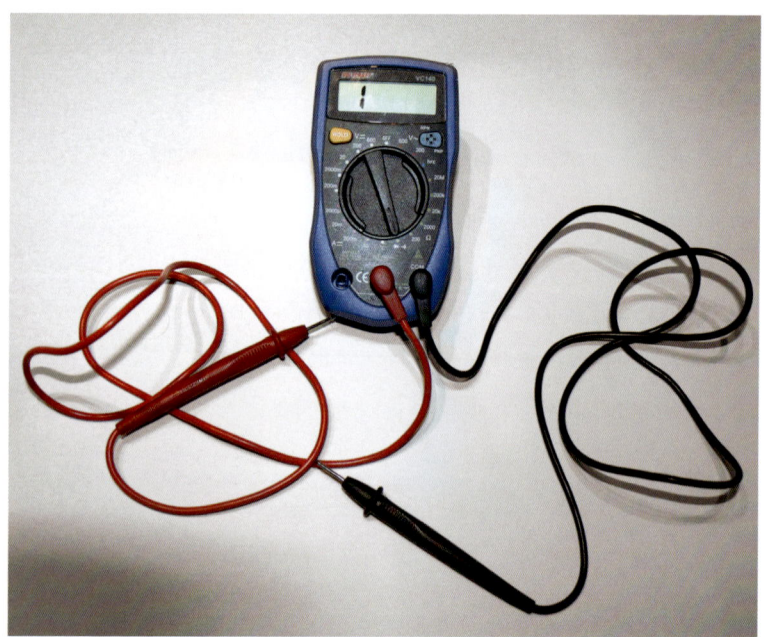

Diagnosewerkzeug Nummer eins: Das Multimeter.

Dazu später mehr. Leider haben viele Multimeter eine Menge Funktionen, die an Bord nicht von großer Relevanz sind. Die Messung des Widerstands zum Beispiel. Es ist zwar, wie in Kapitel 1.2 beschrieben, wichtig zu wissen, dass es Widerstände gibt, die genaue Höhe ist jedoch an Bord nicht so wichtig. Das Resultat des Widerstands, also den Spannungsabfall, messen zu können, reicht für Bordzwecke völlig aus. Den Bereich des Wählrades, der Ohm und das typische Omega angibt, vergessen wir also, er ist etwas für Elektroniker. Ansonsten hilft das Gerät bei drei Dingen:

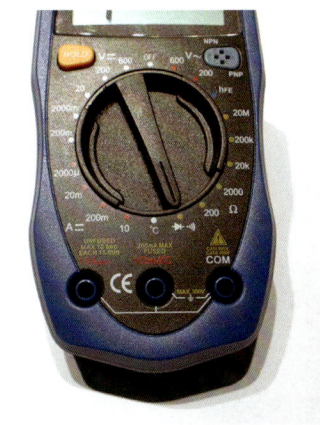

Je nach Anwendung muss umgestöpselt werden.

▶ **Messung der Spannung**
▶ **Durchgangsprüfung**
▶ **Messung des Stroms bis ca. zehn Ampere**

Messung der Spannung

An Bord gibt es üblicherweise zwei Spannungen: 12 oder 24 Volt für das Bordnetz und 230 Volt aus dem Landstrom oder dem Umformer. Zur Messung des Bordnetzes das Multimeter auf die Einstellung »20 Volt Gleichstrom« (durchgehender Strich mit Punkten darunter) stellen.
Die beiden Kabel in die entsprechenden Buchsen am Multimeter stecken und an der gewünschten Stelle von Plus nach Minus messen. Das eine Messkabel muss Kontakt zur Plusseite, das andere zur Minusseite des Stromkreises haben. Dazu müssen die Spitzen der Messkabel einen elektrisch leitenden Kontakt mit den

Einstellung für Gleichspannungsmessung.

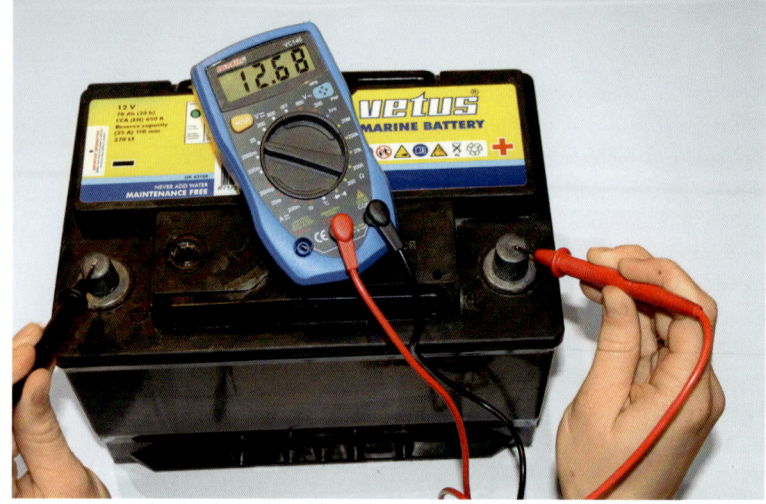

Richtig herum: Ohne Vorzeichen misst Rot Plus und Schwarz Minus.

Vertauscht: Das Minuszeichen gibt die falsche Polung an.

Messstellen haben. Es darf also keine Isolierung mehr dazwischen sein. Auf dem Display wird ein Wert wie etwa 11,74 erscheinen. Das heißt, es liegt an der Messstelle eine Spannung von 11,74 Volt an. Zeigt das Gerät −11,74 Volt, so ist die Polung verkehrt herum.

Das geht nur bei Gleichstrom. Die Spannung stimmt, nur die Kabel wurden vertauscht. Also einfach die Messkabel anders herum an die Messstellen halten. Sind die Messkabel jedoch korrekt in das Multimeter gesteckt, so ist die

Polung am Gerät verkehrt, es ist schlicht falsch herum angeklemmt. In diesem Fall dort die Kabel tauschen. Das kann oft schon die Ursache für ein nicht funktionierendes Gerät sein. Anderes Beispiel: Schaltet sich der Kühlschrank etwa ständig an und aus, so kann direkt an seinen Anschlusskabeln gemessen werden, welche Spannung anliegt, wenn das Aggregat ruht beziehungsweise wenn es anläuft. Liegen im Ruhezustand beispielsweise 12,7 Volt an und beim Start nur noch 10,9 Volt, so kann davon ausgegangen werden, dass der Spannungsabfall zu hoch ist und das

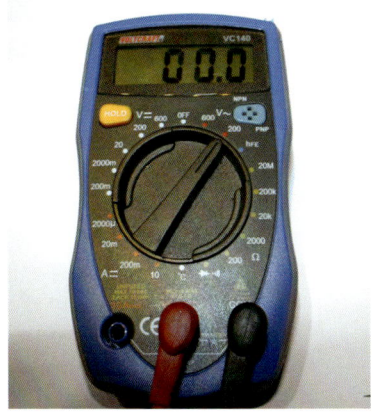

Spannungsmessung für Wechselstrom (meist 230 Volt).

Gerät durch seinen Unterspannungsschutz abgeschaltet wird. Hier helfen dann womöglich dickere und durchgängige, also nicht verlängerte Kabel.

Auch 230 Volt kann man mit dem Multimeter messen. Kommt kein Landstrom an Bord an? Dann das Gerät auf den Messbereich 300 oder 400 Volt Wechselstrom (V mit einer Welle dahinter) stellen.

Die Kabel in die entsprechenden Buchsen stecken und zunächst am Steg in der Steckdose messen. Dazu die beiden Messkabel wie einen Stecker dort hineinstecken. Bleibt die Anzeige bei 0, so liegt dort bereits das Problem: kein Strom am Steg. Eine Anzeige von 218 Volt zeigt, dass Spannung anliegt, wenn auch etwas wenig. Das ist allerdings nicht so schlimm. Die meisten Geräte können damit umgehen. Liegt am Steg Strom an, kommt jedoch keiner im Schiff an, kann mit Messungen Schritt für Schritt der Fehler eingekreist werden. **Doch Vorsicht! Es liegt eine tödliche Spannung an. Bei der Messung also immer auf den eigenen Schutz achten!**

Durchgangsprüfung

Das Ankerlicht funktioniert nicht. Auch hier hilft bei der Fehlersuche das Multimeter. Mit der Funktion »Durchpiepsen« kann es feststellen, ob ein Stromkreis geschlossen ist. Dazu das Wählrad auf »Durchgangstest« stellen. Sind die beiden Messkabel in der richtigen Buchse und berühren sich ihre Spitzen, beginnt das Gerät zu piepsen. Der Stromkreis ist geschlossen. Genauso geht es mit dem Ankerlicht: Am Mastfuß befindet sich ein Stecker, mit dem der Bordstromkreis mit dem im Mast verbunden wird. Den Stecker lösen und die

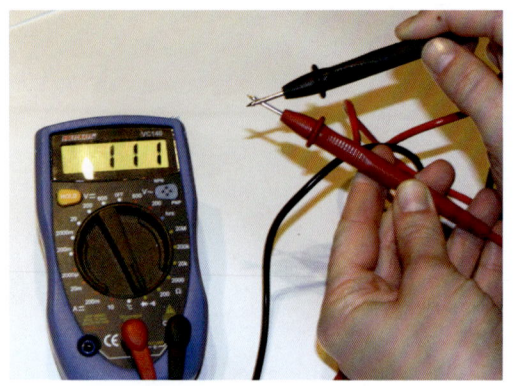

Ist Durchgang vorhanden, piepst das Gerät. Durch berühren der Messspitzen kann zuvor die Funktion überprüft werden.

Messkabel an die beiden Kontaktstifte halten. Piepst es nun, bedeutet das, dass der Stromkreis im Mast geschlossen ist. Der Strom würde also vom Stecker hoch in den Mast durch das Ankerlicht fließen, es zum Leuchten bringen und wieder zurückkehren zum anderen Pol des Steckers. Es besteht Durchgang. Für das Ankerlicht eine gute Nachricht: Die Glühlampe ist noch in Ordnung, der Fehler muss im Schiff liegen. Eine Reparatur, ohne in den Mast aufzuentern, ist möglich. Analog muss bei eingeschaltetem (nicht vergessen!) Ankerlicht eine Spannung von etwa 12 Volt im schiffsseitigen Stecker anliegen. Stromführende Stromkreise können nicht durchgepiepst werden. Liegt eine Spannung an, dann besteht in aller Regel auch Durchgang bis zum Stecker, also im Schiff. Vermeldet das Piepsen den Durchgang im Mast und die Voltanzeige den im Schiff, so muss der Fehler offenbar im Stecker, also der Schnittstelle zwischen Mast und Schiff liegen. Stromlose Stromkreise, wie der vom Bordnetz getrennte Mast oder die Beleuchtung des Trailers, können durchgepiepst werden, stromführende Stromkreise, wie der des Ankerlichts innerhalb des Schiffes bis zum Decksstecker, werden mittels Spannungsmessung (s. o.) auf Durchgang überprüft.

Messung des Stroms bis etwa zehn Ampere

Während bei den ersten beiden Messmethoden kaum etwas zu beachten ist, muss bei der Messung des Stroms genau aufgepasst werden. Ist der Strom zu hoch, nimmt das Multimeter dauerhaft Schaden. Eine Abschätzung, wie viel Strom fließen könnte, ist im Vorfeld also unerlässlich. Will man z. B. überprüfen, ob der Kühlschrank die angegebene Leistung aufnimmt, gilt es zunächst, diese durch das Typenschild näherungsweise zu ermitteln – 50 Watt sagt es beispielsweise. Das bedeutet bei 12 Volt an Bord etwas mehr als vier Ampere.

Die Angabe auf dem Gehäuse des Multimeters lautet: »10 A max., max 10 Sec.« Es kann also höchstens zehn Ampere für maximal zehn Sekunden messen. Dann muss die Messung abgebrochen werden. Für die erwarteten vier Ampere

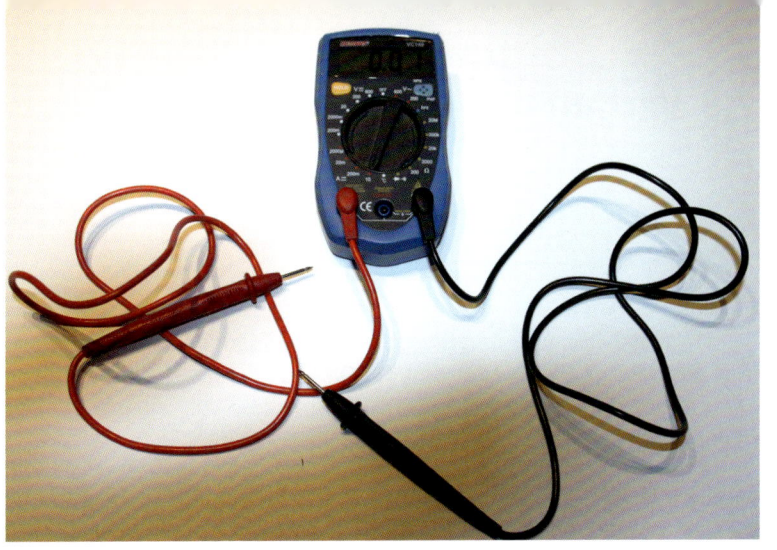

Rot ist umgesteckt: so kann in Reihe Strom bis zehn Ampere gemessen werden.

des Kühlschranks sollte es also reichen. Anders als bei der Messung der Spannung, muss der Strom in Reihe gemessen werden. Das Multimeter wird also Teil des Stromkreises. Dazu wird ein Kabel des zu messenden Stromkreises gelöst, dort das eine Messkabel hineingeführt (auf gute Verbindung achten!) und das andere Messkabel dort befestigt, wo das gelöste Kabelende zuvor steckte. Nun den Stromkreis einschalten. Die Angabe auf der Anzeige lautet dann: 4,8. Das bedeutet, dass ein Strom von 4,8 Ampere fließt. Gleich nachdem sich die Anzeige stabilisiert hat den Stromkreis wieder trennen! Jetzt braucht das Multimeter eine Pause, es muss abkühlen. Nach einigen Minuten wäre eine erneute Messung möglich. Alternativ gibt es zur Messung auch größerer Ströme sogenannte Ringmultimeter. Sie umschließen das zu messende Kabel mit einem Ring und messen anhand elektromagnetischer Veränderungen den fließenden Strom. Solche Geräte, die auch Gleichstrom messen können, sind teuer, ihr Einsatz an Bord so selten, dass die Anschaffung kaum lohnt. Der Weg in eine Fachwerkstatt mit der Bitte um Messung ist oft die kostengünstigere Alternative.

▶ Multimeter sind an Bord für die elektrische Fehlersuche unerlässlich.

▶ Schon günstige Geräte liefern die benötigten Funktionen.

▶ Es können Spannung, Durchgang und Strom gemessen werden.

▶ Darauf achten, dass die Messkabel in der richtigen Buchse stecken.

▶ Bei der Messung des Stroms darauf achten, das Gerät nicht zu zerstören.

2.3 Verbindungen

Es mag banal klingen: Damit an Bord alles reibungslos funktioniert, sind die richtigen Verbinden von Kabeln untereinander, aber auch von Kabeln mit den Komponenten des Bordnetzes, von entscheidender Bedeutung

Doch welche gibt es da? Die Lüsterklemme fällt sicher sofort jedem ein. Auch ein Quetschverbinder erfüllt die Aufgabe. Welche Möglichkeiten gibt es aber für eine Durchführung durch das Deck? Und wie werden die Kabel im Mast so angeklemmt, dass sie erstens sicher den Strom leiten und zweitens zusammen mit dem Mast jederzeit vom Rest des Bordnetzes getrennt werden können? Natürlich gibt es auch hierfür Vorschriften, etwa vom Germanischen Lloyd oder in den DIN- / EN- / ISO-Normen 10133 und 13297. Diese legen fest, wie etwas zu verwenden ist. Dabei wird vor allem auf zwei Dinge abgezielt: eine feste Verbindung, die zudem verhindert, dass Feuchtigkeit eindringt.

Das eine erreicht man mit dem richtigen Werkzeug, das andere mittels eines Schrumpfschlauchs oder eines wasserverdrängenden Kontaktsprays (beispiels-

Nur noch Reste sind vom Kupferkabel übrig – Salzwasser konnte an einer schlechten Verbindung eindringen.

weise »Wet Protect«). Schrumpfschlauch ist ein Gummischlauch, der
bei Erwärmung mit einem Heißluft-
föhn seinen Durchmesser reduziert
und sich so dichtend über die Verbindung legt. Mit ihm wird wirkungsvoll
verhindert, dass Feuchtigkeit zwischen Kupferadern und Isolationshül-
le gelangt und dort mit ihrem zerstö-
rerischen Korrosionswerk beginnt.

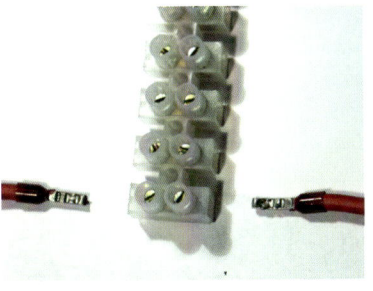

*Die Kabelenden werden mit den Schrau-
ben geklemmt und so durch das Gehäuse
der Lüsterklemme verbunden.*

Die Klemme

Ein echter Klassiker: Ein leitendes Metallteil, zwei Klemmschrauben und eine
Kunststoffummantelung. Kabel rein, Schrauben fest, fertig. Leider ist sie an
Bord nicht die beste Wahl. Dafür gibt es zwei Gründe. Der erste ist, dass die
Lüsterklemme nicht für die Verwendung an Bord erfunden wurde.

Da die Seiten, in denen die Kabel stecken, offen sind, kann dort Luftfeuch-
tigkeit, die an Bord nun mal höher ist, eindringen und für beschleunigte
Kontaktkorrosion sorgen. Dadurch bildet sich ein Übergangswiderstand mit
entsprechendem Spannungsabfall. Zum zweiten werden Lüsterklemmen oft für
mehradrige Kabel verwendet. Dafür sind sie jedoch nicht gemacht. Sie eignen
sich speziell für starre, einadrige, steife Kabel. Diese sind allerdings generell nicht für den Einsatz an Bord geeignet: Durch die Bewegungen auf dem
Schiff können sie brechen. Also haben wir es an Bord immer mit mehradrigen
und daher flexiblen Kabeln zu tun. Will man die mittels einer Lüsterklemme

*Hoher Widerstand: Nur einzelne Adern
des Kabels werden von der Klemmschraube gehalten, damit sinkt der
Querschnitt.*

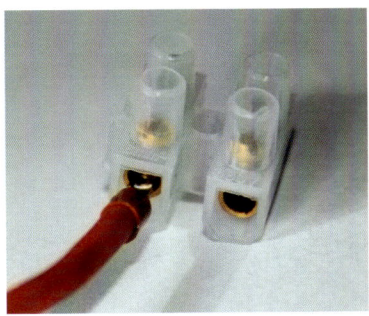

*Sicher geklemmt: Dank der Aderendhülse
wird der volle Kabelquerschnitt genutzt.*

verbinden, ist es unbedingt erforderlich, Aderendhülsen zu verwenden. Geschieht dies nicht, kann es passieren, dass die Klemmschraube die Adern beiseite drückt und der elektrische Kontakt nur mit wenigen einzelnen Litzen einer Ader zustande kommt.

Der Querschnitt des Kabels wird an dieser Stelle also deutlich reduziert, ein starker Übergangswiderstand bildet sich aus. Da die Lüsterklemme relativ dick ist im Vergleich zum Kabel, lässt sie sich nur schwer mit Schrumpfschlauch abdichten. Zu unterschiedlich sind die Durchmesser.

Der Quetschverbinder

Quetschverbinder beruhen auf einem einfachen Prinzip und sind sehr vielseitig. An der einen Seite befinden sich verschiedenste Formen wie Ringe, Laschen oder Stecker, die in ein Gegenstück passen. Die andere Seite besteht aus einer Öffnung, in die ein abisoliertes Kabelende gesteckt wird. Mit einer speziellen Zange, einer Crimpzange, wird das Ende mit dem Kabel darin zusammengequetscht. Es entsteht eine feste Verbindung – vorausgesetzt, es handelte sich um die passende Zange. Verschiedene Kabelquerschnitte benötigen verschiedene Quetschverbinder. Sie sind farblich markiert in Rot, Blau und Gelb. Die Farbe gibt an, für welchen Querschnitt die Quetschverbindung geeignet ist (Blau: 1,5, Rot: 2,5, Gelb sechs Quadratmillimeter). Diese Farben finden sich auch auf der Zange wieder, sodass mit der richtigen Kraft gequetscht werden kann (siehe Kapitel 2.1).

Nur mit dem passenden Werkzeug lassen sich haltbare Quetschverbindungen herstellen. Die Farben geben an, wo was gequetscht wird.

Darauf gilt es unbedingt zu achten. Die meisten Geräte an Bord bieten einen Anschluss für Quetschverbinder, sodass es durchaus sinnvoll ist, in eine nicht ganz billige Crimpzange zu investieren, um für einen vernünftigen Anschluss zu sorgen. Bis zu etwa sechs Quadratmillimeter Kabelquerschnitt sind diese Zangen zu verwenden. Darüber hinaus ist anderes Werkzeug erforderlich. Einige Versandhäuser bieten zudem vorkonfektionierte Kabel an, also solche, die bereits die erforderlichen Anschlüsse und die gewünschte Länge aufweisen. Das ist in jedem Fall die bessere Alternative, als selber mit Rohrzange oder Schraubstock an einer haltbaren Verbindung herumzuexperimentieren. Nach herstellen der gewünschten Verbindung sollte, wo immer möglich, diese mit Schrumpfschlauch vor eindringender Feuchtigkeit geschützt werden. Das stellt eine dauerhafte Funktion sicher.

Der Faulenzer

Diese Verbindung bietet eine schnelle Möglichkeit, zwei Kabel miteinander zu verbinden. Allerdings sorgt der Kamm für einigen Widerstand, auch da die Ader nicht vollständig umschlossen wird. Dennoch: Für kleine Leistungen und um schnell ein Kabel in einen Stromkreis einzuschleifen, sind die Faulenzer allemal gut. Eine dauerhafte Lösung sind sie hingegen nicht.

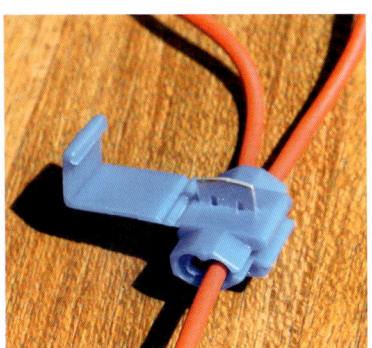

Nicht für den Einsatz im Feuchtbereich geeignet: der sogenannte Faulenzer.

Decksdurchführungen

Es ist immer wieder erforderlich, Leitungen aus dem Schiffsinneren nach außen zu führen. Dabei gibt es Verbraucher, die fest installiert sind, wie etwa die Positionslichter an Bug- oder Heckkorb, oder solche, die getrennt werden müssen, etwa weil der Mast im Winterlager nicht an Deck stehenbleibt. Feste Verbindungen sollten möglichst ohne Unterbrechung durchgeführt werden, da Steckstellen immer einen Widerstand bedeuten, der zudem in aggressiver Seeluft anfällig für Korrosion ist. Spezielle Verschraubungen sorgen bei einer Deckdurchführung eines ununterbrochenen Kabels für Dichtigkeit. Muss eine Unterbrechung aus genannten Gründen gewährleitet sein, dann gibt es spezielle, wasserdicht verschraubte Stecker dafür. Sie sind entweder im Kabel an passender Stelle – idealerweise unter Deck – angebracht oder stehen gleich

Wichtig für guten Kontakt: die Dichtung im Stecker und festes Andrehen der Überwurfmutter.

Decksdurchführung: Die Überwurfmutter drückt die Dichtung im konischen Untersatz gegen das Kabel. So wird die Durchführung dicht.

an Deck verschraubt. In jedem Fall muss auf intakte Dichtungen an den Verschraubungen geachtet werden. Eindringendes Wasser sorgt binnen kurzer Zeit für schlechten Kontakt bis hin zum Ausfall etwa der Positionslichter im Mast.

▶ Verbindungen müssen sehr sorgfältig ausgeführt werden, um Übergangswiderstände weitestgehend zu reduzieren.

▶ Es gilt, die Verbindungen mit Schrumpfschlauch oder Kontaktspray vor eindringender Feuchtigkeit zu schützen.

▶ Lüsterklemmen und sogenannte Faulenzer eignen sich nur bedingt für den Einsatz an Bord.

▶ Ideal sind Quetschverbindungen, wenn sie mit dem passenden Werkzeug ausgeführt wurden.

▶ Wo immer möglich, sind Unterbrechungen eines durchgehenden Kabels zu vermeiden.

2.4 Schaltpläne

Für viele sind sie ein Buch mit sieben Siegeln: Schaltpläne. Dennoch gehören sie an Bord und sind Teil der Dokumentation, die eine Werft über ein Schiff an den Eigner übergeben muss. Doch was nutzen sie in der Praxis und wie sind sie zu lesen?

Der Begriff »Schaltplan« kann nur ein Oberbegriff sein. So gibt es beispielsweise den Installationsplan. Dieser zeigt möglichst übersichtlich, wo welche Komponente liegt. Die verbindenden Kabel sind jedoch nur als einfache Striche ausgelegt. Wer wissen will, welches Kabel wohin führt und wie es aussieht, der braucht einen Stromlaufplan. In ihm sind die Kabel mit ihrer Farbe oder Nummer einzeln aufgeführt, womöglich gar mit ihrer Länge und einem aus Stromstärke, Sicherung und Länge abgeleiteten Querschnitt. Er hilft enorm, wenn es darum geht, einen Fehler an Bord möglichst genau einzukreisen.

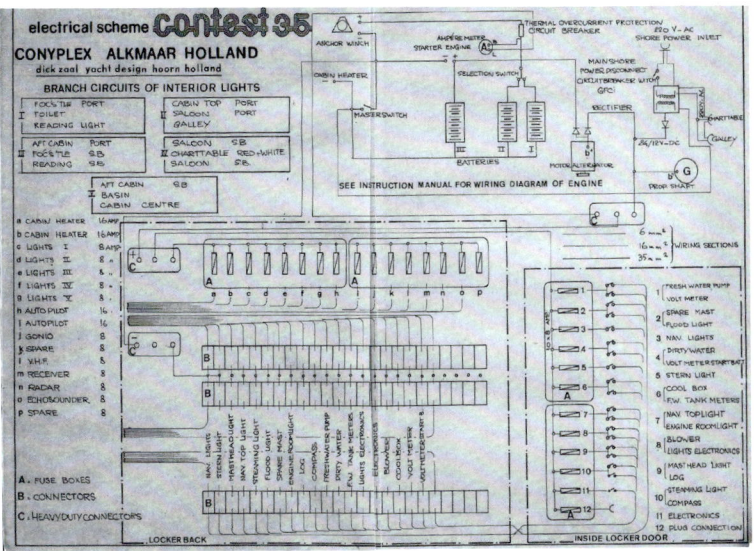

Schaltplan einer Contest 35 aus dem Jahre 1982: So oder so ähnlich sieht es wohl auf vielen Yachten aus.

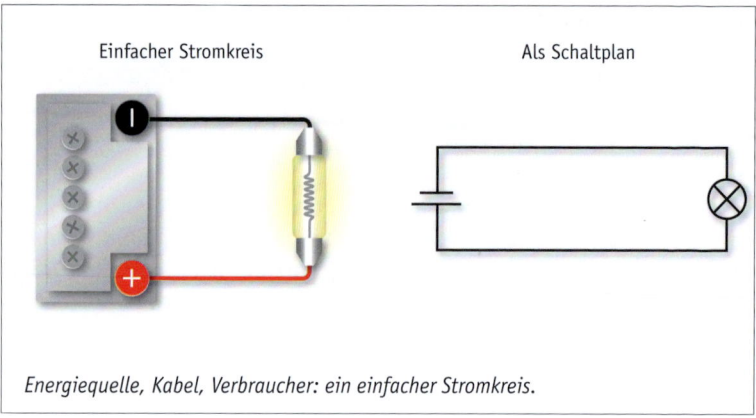

Einfacher Stromkreis

Als Schaltplan

Energiequelle, Kabel, Verbraucher: ein einfacher Stromkreis.

Allerdings kann er auf den ersten Blick unübersichtlich und damit abschreckend sein. Dennoch: Nach kurzer Zeit wird auch ein Laie zu verstehen beginnen, worum es geht. Denn schließlich zeigen die Pläne lediglich möglichst übersichtlich, was genau zwischen Batterie und Verbraucher geschieht. Und ein Stromkreis, egal wie komplex, besteht aus einer Stromquelle, einem Hinleiter, einem Verbraucher und dem Rückleiter. Hinzu können noch Schalter, Verteilungen, Sicherungen oder weitere Verbraucher im gleichen Stromkreis kommen. Auch kann eine Stromquelle mehrere Stromkreise bedienen.

An Bord ist das so üblich. Vereinfacht gesprochen, geht von der Batterie über eine Hauptsicherung nahe an der Batterie und den Hauptschalter ein dickes Kabel zum Schaltpaneel. Von dort aus gehen viele Kabel von den jeweiligen Schaltern und einer weiteren Sicherung pro Stromkreis zu den Verbrauchern. Üblicherweise gibt es dann für die Rückleitungen eine Sammelschiene in der Nähe des Schaltpaneels, auf der alle Minusleitungen zusammengeführt werden.

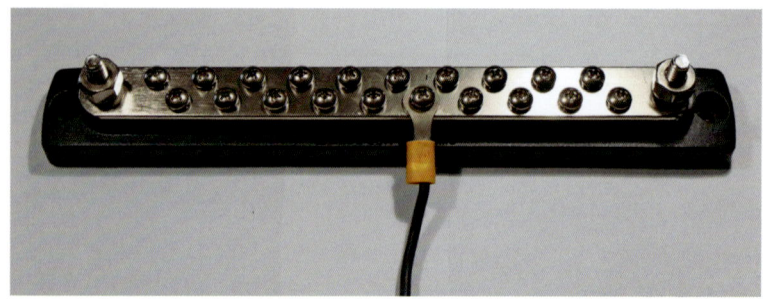

Die Sammelschiene: dicke Schrauben für den Zugang vom Akku, kleine für die Kabel der diversen Verbraucher.

Von dort führt ein dickes Kabel wieder zurück zur Batterie. Der Stromkreis ist geschlossen. Hinzu kommen dann noch Stromquellen wie das Ladegerät oder Solarpaneele mit ihren jeweiligen Reglern. In einem guten Plan sind die Komponenten so beschriftet, dass auch ein Laie sie verstehen kann. Natürlich sind die Zeichen für die einzelnen Komponenten genormt, ein Verbraucher ist etwa ein Kreis mit einem Kreuz, eine Batterie ein kurzer dicker neben einem langen dünnen Strich. Ebenso vereinheitlicht sind die Belegungen von Klemmen oder die der Lichtmaschine (siehe Kapitel 4.3). Im Internet lassen sich schnell entsprechende Belegungen finden. Aber das ist nicht so wichtig. Wichtig ist, dass man sich im Schaltplan zurechtfindet. Ist ein Plan vorhanden, empfiehlt es sich, einmal einen längeren Blick darauf zu werfen und einen Abgleich mit der Realität an Bord zu versuchen. So findet man sich bei einer Fehlersuche, womöglich bei Nacht und auf See, schneller zurecht. Glücklich, wer eine neue Yacht kauft: Er kann sich bei der Übergabe den Schaltplan ausführlich erklären lassen.

▶ Schaltpläne helfen, die Elektrik an Bord besser zu verstehen.

▶ Sie zeigen die einzelnen Stromkreise und wie diese in Verbindung mit Schaltpaneel, Sicherungen, Schaltern und Batterien stehen.

▶ Ein Stromkreis besteht vereinfacht immer mindestens aus Stromquelle, Zuleitung, Rückleitung und Verbraucher.

▶ Genormte Bezeichnungen für bestimmte Komponenten des Bordnetzes helfen Profis, sich auch auf fremden Yachten mit einem Schaltplan schnell zurechtzufinden.

▶ Wer einen Plan der eigenen Yacht hat, sollte diesen beizeiten in Ruhe studieren, um im Ernstfall schnell damit zurechtzukommen.

3.1 Energiebilanz

Das Wort Bilanz klingt schon nüchtern. Jemand, der Bilanz zieht, schaut genau hin und weiß nachher über den Zustand etwa seines Unternehmens genau Bescheid. Ganz nüchtern. Genauso sollte es auch bei der Aufstellung der Energiequellen und Verbraucher – nichts anderes ist eine Energiebilanz – an Bord sein. Ganz sachlich.

Einerseits wird gern mal ein viel zu großer und damit auch zu schwerer und teurer Akku installiert – schließlich wollen die Hersteller einem einreden, dass mehr auch besser ist. Andererseits jedoch wird der tatsächliche Bedarf an Bord auch mal unterschätzt. Es gibt drei sinnvolle Gründe, warum eine Energiebilanz aufgestellt werden sollte.

▶ Die Ermittlung der tatsächlich erforderlichen Akkukapazität, etwa bei Neukauf eines Schiffes oder beim Refit der elektrischen Anlage.

▶ Wie viel Batterieinhalt/Energiequellen benötige ich für eine definierte Anzahl an Tagen, an denen ich unabhängig von Landstrom sein möchte?

▶ Die Bilanz hilft bei der Beantwortung der Frage, ob sich etwa die Anschaffung einer LED-Navigationsbeleuchtung oder einer neuen, sparsamen Kühlbox lohnt. Man kann einfach in der Tabelle, sofern etwa in Excel angelegt, herumspielen. Veränderungen bei Quellen oder Verbrauchern spiegeln sich sofort in der Bilanz wider.

Was denken Sie? Wie viel Batteriekapazität muss zum Betrieb einer simplen Kompressorkühlbox mit 35 Litern Inhalt installiert sein? Wir rechnen nach: Verbrauch laut Hersteller 45 Wattstunden, macht bei 12 Volt also etwa vier Amperestunden (Watt : Volt = Ampere). Nun laufen die Kompressoren der Boxen – wie die in den Kühlschränken zuhause – nicht die ganze Zeit. Ein Thermostat steuert sie. Etwa 25 Prozent der Zeit arbeitet die Kühlbox und verbraucht Strom, ansonsten hält sie einfach durch gute Isolation die Kälte. Also: 25 Prozent von vier Ah ist ja nur ein Ah. Aber jetzt: Natürlich läuft der Kühlschrank während des Urlaubstörns den ganzen Tag, also 24 Stunden. So sind es schon 24 Ah. Da Akkus nur etwa zur Hälfte ihrer Kapazität genutzt

Kühlt bei niedrigem Stromverbrauch: Kompressorbox von Waeco.

werden können, wird also das Doppelte an installierter Akkuleistung benötigt: 50 Ah Kapazität, nur für den Kühlschrank! Und so geht es weiter: Heizung, Navigation, Licht, Radio. Da kommt schnell einiges zusammen. Hat man nun keine weiteren Energielieferanten an Bord und möchte dennoch drei Tage autark sein, um die schöne Ankerbucht bei gutem Wetter ausgiebig zu genießen, so benötigt allein der Kühlschrank eine Akkukapazität von 150 Amperestunden.

Demgegenüber stehen die Stromlieferanten (siehe Kapitel 4; dort wird hinlänglich auf die Ausbeute der einzelnen Lösungen eingegangen). Exemplarisch soll hier die Lichtmaschine betrachtet werden. Sie liefert bei laufendem Motor beispielsweise im Idealfall 55 Ah. Das ist eine ganze Menge, wird jedoch in der Realität aus verschiedenen Gründen nicht erreicht. Der Punkt ist jedoch ein anderer: die Einschätzung der Laufzeit. So wird an einem Tag vor Anker die Maschine gar nicht laufen, zumindest, wenn es sich vermeiden lässt. Es steht also auch kein Strom von dort zur Verfügung. Wie lange läuft die Maschine hingegen an einem normalen Segeltag? Für das Aus- und Einlaufen wird oft auch nicht einmal eine Stunde motort. Das Beispiel zeigt die Grenzen der Energiebilanz. Es gilt, eine Annahme für die mittlere Laufzeit zu treffen. Das ist bei der Lichtmaschine schwierig. Auch die Einschätzung der Ausbeute von Solarpaneelen und Windgeneratoren ist eben immer nur eine Schätzung. Dennoch bietet die Energiebilanz einen soliden Anhaltspunkt zur Ermittlung von Verbrauch und Erzeugung von Strom an Bord. Anbei das Beispiel einer Aufstellung für eine typische Neun-Meter-Fahrtenyacht, die allerdings in Excel einfach erweitert werden kann:

▶ Die Energiebilanz hilft bei der Auslegung des Bordnetzes.

▶ Weder zu große noch zu kleine Akkus sind an Bord sinnvoll.

▶ Mittels einer Excel-Tabelle lassen sich verschiedene Szenarien durchspielen.

▶ Beim Treffen der Annahmen für die Tabelle ist einiges Nachdenken erforderlich.

▶ Ausprobieren im Winter macht Spaß.

Verbraucher	Leistung in Watt	Dauer in h	Ah
Navigation	20	7	12
Funk	10	7	6
Kühlschrank (25 % Lfz. bei 32 °C)	45	6	23
Radio	20	3	5
Nav. Bel. (entweder ...)	25	4	8
Ankerlicht (... oder)	10	6	5
Innenbel. (Petroleum geht auch)	25	2	4
Heizung	18	4	6
Sonstiges (Trinkwasserpumpe etc.)	40	1	3
Verbraucher x	0	0	0
Verbraucher y	0	0	0
Verbraucher z	0	0	0
Quellen			
Solarpanels in Wp	0	0	0
Generator Benzin / Diesel	0	0	0
Wellengenerator	0	0	0
Windgenerator	0	0	0
Brennstoffzelle	200	0	0
Quelle y	0	0	0
Lichtmaschine läuft, davon die Hälfte	420	0	0
Saldo Ah pro Tag			72
Benötigte Batterieleistung			244
Benötigte Ladeleistung in Ah (muss aber nicht)			49
Autarkie in Tagen			1,7

3.2 Oberste Devise: Strom sparen!

Die Möglichkeiten, an Bord Energie zu erzeugen, sind so vielfältig, dass eine besonders simple Alternative oft außer Acht gelassen wird: Strom sparen. Doch wie gelingt das, was kostet es und wie hoch ist der Nutzen tatsächlich? Anhand einiger Beispiele wird gezeigt, dass Sparsamkeit durchaus sinnvoll ist.

Eine Nachtfahrt gehört für viele Segler zu den schönsten Erlebnissen – allerdings nur, wenn die Technik mitspielt. Da benötigt man die volle Navigationselektronik und eben die Navigationslichter. Unter Segeln ist eine Dreifarbenlaterne im Masttop aus Stromsparsicht die ideale Lösung. Allerdings muss das Leuchtmittel in der Laterne recht stark sein: 25 Watt sind sinnvoll. Das macht bei 12 Volt gut zwei Ampere in der Stunde. Auf die Nacht gerechnet, von Dämmerung bis Sonnenaufgang auch schon mal zehn Stunden, also

Leuchtet hell, verbraucht sehr wenig: Dreifarben-LED mit Ankerlicht von Lopolight.

20 Amperestunden. Nicht eben wenig, zumal die dafür vorgehaltene Akkukapazität ja doppelt so hoch sein muss. Verwendet man nun anstelle der herkömmlichen Lampe eine LED, so sinkt der Verbrauch in der gleichen Zeit auf nicht einmal drei Ampere.

Einen Haken hat die Sache: In der vorhandenen Laterne darf nicht einfach das vorhandene durch ein LED-Leuchtmittel ersetzt werden. Dadurch verliert die gesamte Lampe ihre Zulassung. Sie muss also komplett getauscht werden. Zusammen mit dem Ankerlicht kostet das etwa 300 Euro. Bewertet man das in alternativ vorzuhaltender Akkukapazität, also wie viel größer die Batterien sein müssten, damit bei gleicher Leuchtdauer die Autarkie in Tagen gleich bleibt, so amortisiert sich die LED-Laterne erst nach der dritten durchsegelten Nacht in Folge (300 Euro sind in etwa der Preis für einen 120 Ah großen AGM-Akku). Also eher etwas für Langfahrer. Wenn allerdings an Bord kein Platz für beliebig hohe Akkukapazität vorhanden ist, kann die LED-Lösung durchaus sinnvoll sein. Auch auf Regattaschiffen, die Gewicht sparen wollen, ist das der Fall. LED-Licht kann auch in der Kabine sinnvoll sein, denn hier können, anders als bei den Navigationslichtern, einfach in vorhandene Lampen LED-Leuchtmittel eingesetzt werden. Das kostet nur ein paar Euro und bringt bei einem langen Abend an Bord eine erhebliche Einsparung. Beim Austausch sollte darauf geachtet werden, Leuchtmittel zu wählen, die eine Elektronik vorgeschaltet haben, damit sie in der Lage sind, verschiedene Spannungen zu vertragen (mindestens zehn bis 15 Volt). Diese sind etwas teurer, halten dafür aber länger. Schließlich kann die Spannung im Bordnetz durchaus um einige Volt variieren.

Der größte Posten in den meisten Energiebilanzen kleinerer Yachten sind Kühlschränke. Auch hier gibt es deutliche Unterschiede. Die größten Energiefresser sind günstige Geräte, die auf dem Peltier-Prinzip basieren.

Hier wird mittels eines Halbleiters Kälte erzeugt. Damit das funktioniert, muss unentwegt Strom fließen. Beträgt die Nennleistung einer Box 45 Watt, so benötigt sie diese permanent. Die etwa vier Ampere in der Stunde fließen den ganzen Tag. Am Ende stehen also nach einem Tag etwa 100 Amperestunden auf der Stromuhr. Ein Akku müsste also 200 Amperestunden groß sein (nur die Hälfte der Kapazität ist sinnvoll nutzbar), um eine solche Kühlbox zu versorgen. Besser, man wählt eine Kompressorbox. Sie ist etwa drei- bis viermal so teuer (550 Euro zu rund 180 Euro bei einer 35-Liter-Box). Die Nennleistung ist zwar die gleiche, aber durch ein Thermostat gesteuert läuft der Kompressor je nach Außentemperatur nur etwa 20 bis 30 Prozent der Zeit. 45 Wattstunden sind bei 12 Volt etwa vier Amperestunden. Davon 25 Prozent entsprechen also nur noch einem Ampere in der Stunde oder 24 am Tag. Das Akkuäquivalent ist also nur 50 Ah groß. Schon am zweiten Tag im Einsatz hat sich die Kompressorbox amortisiert. Doch auch die Kompressorboxen haben einen Haken:

Kühlt und wärmt, aber mit hohem Stromverbrauch: in der Anschaffung günstige Peltierbox von Waeco.

Sie sind zwar gut isoliert, aber ihr Wärmetauscher wird mit Luft gekühlt. Nun kann Luft, etwa im Vergleich zu Wasser, Wärme nur sehr schlecht aufnehmen – etwa 20-mal schlechter. Ideal wäre es also, wenn der Kühlkompressor seine Wärme an Wasser abgeben könnte. Und diese Systeme gibt es. Der Wärmetauscher sitzt, um unnötig viele Öffnungen im Unterwasserschiff zu vermeiden, in einen Borddurchlass eingebaut. Der Kompressor pumpt hier das Kältemittel direkt am Außenwasser entlang.

Ein Ventilator, der Luft durch einen Wärmetauscher bewegen muss, entfällt. Das ist erstens leise und spart zweitens Strom. Anders als bei den fertigen Boxen bilden der Kompressor und die eigentliche Kühlbox mit der sogenannten Verdampferplatte darin keine feste Einheit. Sie können räumlich getrennt voneinander verbaut sein. Um die gewonnene Kälteleistung nicht unnötig zu vergeuden, ist es allerdings erforderlich, die eigentliche Kühlbox sowie den Kältemittelschlauch gut zu isolieren. Nutzer dieses Systems sind wegen zwei Dingen begeistert davon: Es ist nahezu unhörbar und der Stromverbrauch sinkt auf deutlich unter 20 Amperestunden am Tag. Ein weiterer Aspekt begünstigt

Spart viel Strom: Wärmetauscher für einen Kühlkompressor im Borddurchlass.

Wasser als Kühlmittel: Selbst wenn die Luft deutlich über 30 Grad warm ist, steigt die Wassertemperatur selten über 20 bis 25 Grad Celsius – zumal es im Schiffsinneren, also da, wo der Kompressor arbeitet, auch schnell noch viel wärmer wird als draußen an der Luft.

Gerade auf Langfahrtyachten wird in der Nacht oft auf den Annäherungsalarm des Radargerätes vertraut. Zwar geht jemand regelmäßig Wache, doch spätestens bei schlechter Sicht hilft das elektronische Auge sehr. Allerdings haben auch kleine Anlagen eine Leistungsaufnahme von 40 Watt. Läuft sie die Nacht durch, bedeutet das, dass nach zehn Stunden satte 35 Amperestunden dahin sind. Einige Anlagen bieten die Möglichkeit, gesteuert über einen Timer in bestimmten Zeitintervallen für wenige Sekunden Rundumchecks durchzuführen. In der restlichen Zeit läuft das Gerät im Stand-by-Modus mit deutlich geringerem Verbrauch.

Ein völlig unnötiger Stromfresser sind zu dünne Kabel. Wie in Kapitel 1.2 gezeigt, sinkt die Spannung an einem Widerstand ab. Ein dünnes Kabel hat einen höheren Widerstand als ein dickeres Kabel. Sinkt nun an dem

Widerstand die Spannung und bleibt die Leistungsaufnahme des Gerätes, etwa der Dreifarbenlaterne im Masttop, konstant, so steigt der fließende Strom an. Durch ein zu dünnes Kabel wird also Strom verschwendet und in Wärme umgewandelt. Da der Widerstand auch proportional mit der Länge eines Kabels steigt, sind lange Drähte hier besonders im Fokus. Etwa wenn es in den Mast geht, kommen schnell Kabellängen von 20 und mehr Metern zusammen. Das Mehrgewicht eines dickeren Kabels (20 Meter 2,5-Quadratmillimeter-Kabel wiegen 443 Gramm, 1,5-Quadratmillimeter-Kabel 266 Gramm – jeweils plus Mantel) ist zu vernachlässigen.

Große Unterschiede: verschiedene Kabelquerschnitte.

Der Widerstandskoeffizient eines Materials verhält sich umgekehrt linear zum Querschnitt. Das 2,5-Quadratmillimeter-Kabel bewirkt einen um 0,3 Volt geringeren Spannungsabfall. Bei den 25 Watt der Dreifarbenlaterne bedeutet das auf die Nacht gesehen ein halbes Ampere mehr Verbrauch. Nicht eben viel. Bedenkt man jedoch, wie viele Kabel im Schiff liegen, bei denen diese Rechnung anwendbar wäre, kommen schnell einige Ampere zusammen. Übrigens: Ebenso unnötig wie Verluste durch zu dünne Kabel sind solche durch schlechte Kontakte – im Fall der Dreifarbenlaterne etwa im Stecker am Mastfuß. Stromsparen war früher zugegebenermaßen mit weniger effizienten Akkus und schlechteren Möglichkeiten, Strom an Bord zu erzeugen, wichtiger als heute. Dennoch war es auch noch nie so einfach, weniger Energie an Bord zu verbrauchen. Warum also nicht?

- ▶ Trotz guter Stromquellen und Akkus lohnt Stromsparen an Bord immer noch.

- ▶ Die Möglichkeiten sind vielfältig.

- ▶ Bei den größten Stromfressern beginnen (Kühlschrank, Licht).

- ▶ Zu dünne Kabel verschwenden Strom unnötig.

- ▶ Ein optimales Bordnetz bietet größere Ausfallsicherheit.

3.3 Flexible Auslegung des Bordnetzes

Boote werden heutzutage mehrere Jahrzehnte alt. Klar, dass sich im Laufe des Lebens ihr Nutzungsprofil ändert. Gut, wenn die elektrischen Systeme an Bord so flexibel ausgelegt wurden, dass sie anpassbar sind. Doch was macht sie flexibel?

Den Skipper des Kleinkreuzers zieht es in den Ferien vom Binnensee auf großes Wasser. Die Charteryacht wird nach einigen Jahren verkauft, der neue Eigner will nun damit auf Langfahrt. In beiden Fällen sind die bestehenden Bordnetze nicht für die neue Aufgabe geeignet. Beim Kleinkreuzer liegt womöglich nicht mal eines vor, jetzt aber benötigt er UKW-Seefunk und Positionslichter. In der Charteryacht, die üblicherweise nur selten längere Zeit ohne Landstrom auskommen muss, sind keine Energiequellen außer der Lichtmaschine vorhanden. Auch sind ihre Verbraucher nicht aufs Stromsparen hin optimiert. Zudem wird der neue Eigner sicher einige weitere Geräte an Bord bringen, die den Energiebedarf deutlich steigern, womit die serienmäßig zumeist knapp dimensionierten Akkus überfordert sind. Es besteht also Handlungsbedarf.

Rechts oben im Bild: Die Kabel verschwinden in der Zwischendecke auf nimmer Wiedersehen.

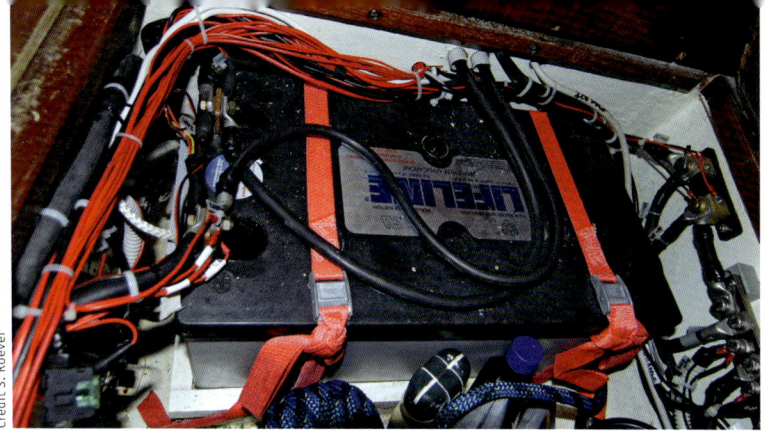

Passt genau: Weiterer Raum für einen größeren Akku ist hier nicht mehr vorhanden.

Natürlich lässt sich so gut wie jedes Schiff an geänderte Nutzungsbedingungen anpassen, sind jedoch einige Voraussetzungen erfüllt, so geht das leichter. Oft liegen Kabel verdeckt hinter Einbauten verlegt. Will man dort nachträglich weitere Kabel einziehen, so muss die Verkleidung zunächst demontiert werden. In der Zwischendecke verlegt (s. S. 47) sind sie vollends unerreichbar. Manchmal hat die Werft gleich vor dem Einbau der Verkleidung dort Leerrohre verlegt. In diese können Kabel für weitere Einbauten gelegt werden, ohne zuvor das Boot demontieren zu müssen. Ebenso hilfreich ist es, wenn genügend Platz um die bestehenden Akkubänke herum vorhanden ist, um diese zu erweitern. Werden Akkus parallel geschaltet, um die Kapazität zu erhöhen, so müssen die Kabelwege zwischen ihnen so kurz wie möglich gehalten werden. Das funktioniert nur durch räumlich kompakten Einbau der Batterien. Hierfür wiederum ist eben ausreichender Platz erforderlich. Ist ein Batteriefach nur auf die ab Werk gelieferte Akkukapazität ausgelegt, muss bei einer Erweiterung ein neuer Einbauort für eine größere Akkubank gefunden werden.

Umfangreiche Umbauten sind die Folge. Ebenso ist es hilfreich, wenn an der Schalttafel freie Schalter zur Verfügung stehen. So muss beim Einbau eines weiteren Bordsystems nicht gleich improvisiert oder gar die ganze Schalttafel ausgetauscht werden. Ein Ladegerät, das neben den Anschlüssen für Starter- und Serviceakku weitere Ausgänge bereit hält, ist ebenfalls sinnvoll – spätestens, wenn etwa eine elektrische Ankerwinsch nachgerüstet wird, die von einer eigenen Batterie, etwa einer Spiralzelle, versorgt wird. Sie benötigt einen separaten Anschluss an die Ladetechnik. Natürlich muss das Ladegerät für die vergrößerte

Bis zu drei Akkubänke können an dieses Ladegerät angeschlossen werden.

Platz für den Anbau einer weiteren Lichtmaschine fehlt in dieser Motorkiste.

Kapazität der Akkus ausreichend dimensioniert sein. Sonst werden die Ladezeiten zu lang.

Auf modernen Yachten sind Motorräume zumeist recht eng ausgelegt. Zu gern nutzen die Konstrukteure den Raum lieber für den Menschen in Form von mehr Lebensraum. Sobald aber beispielsweise eine weitere Lichtmaschine als Energielieferant installiert werden soll oder gar ein Dieselgenerator, ist dafür Platz erforderlich. Ein entsprechend großer Motorraum ist dann hilfreich. Manche Yachten verfügen gar über einen eigenen Technikraum, in dem alle Installationen auf einen Blick einsehbar sind. Zudem bietet dieser Raum genau den Platz, den weitere Komponenten benötigen. Ist dieser Platz nicht vorhanden, werden nachträgliche Einbauten schwierig.

Natürlich ist die Möglichkeit, das elektrische Bordnetz zu verändern oder zu erweitern, nicht das alleinige Kriterium bei der Anschaffung einer Yacht. Dennoch lohnt es, beim Vergleich verschiedener infrage kommender Schiffe die Möglichkeiten, die die Yacht bietet, mit zu berücksichtigen. Schließlich soll sich das Schiff mit den Ansprüchen, die der Eigner an es stellt, mitwachsen können.

▶ Im Laufe des Schiffslebens verändern sich die Anforderungen an das Schiff.

▶ Auch die elektrischen Systeme sollten so ausgelegt sein, dass sie sich flexibel anpassen lassen.

▶ Leerrohre, freie Schaltplätze am Schaltpaneel und ausreichender Bauraum um die Akkus herum sind wichtig.

▶ Genügend Platz im Motorraum für zusätzliche Einbauten ist hilfreich.

▶ Beim Kauf an sich womöglich ändernde Anforderungen denken und diese mit in die Entscheidung einbeziehen.

3.4 Welche Energiequelle für wen?

Die Frage, wie an Bord am sinnvollsten die benötigte Energie erzeugt wird, wird gestellt, seit es die ersten elektrischen Bordsysteme gibt. In den nächsten Kapiteln werden die gebräuchlichen Möglichkeiten vorgestellt. Hier geht es zunächst um die Frage, welche Energiequelle am sinnvollsten auf welcher Yacht verwendet wird. Dabei geht es natürlich vor allem um das Nutzungsprofil der Yacht.

Die Antwort muss also lauten: es kommt darauf an. Klar: Wer kurze Tagesetappen fährt und abends Wert auf einen Hafenplatz legt, der wird in aller Regel mit dem Strom aus seinen Akkus, die ja jede Nacht am Landstrom geladen werden können, bestens auskommen. Auf der anderen Seite wird ein Langfahrer, der bei einer mehrwöchigen Ozeanüberquerung viel Strom für Navigation, Positionslichter, den Kühlschrank und Funk benötigt, eher selten einer Möglichkeit zum Nachladen begegnen. Hier ist echte Autarkie von Landstrom gefragt.

Credit S. Roever

Typische Langfahrtyacht: zwei Windgeneratoren und große Solarzellen über dem Achterdeck.

Alle Wassersportler zwischen diesen Extremen müssen sich zunächst fragen, für wie lange sie maximal unabhängig vom Landstrom sein wollen. Daraus ergibt sich mittels der Energiebilanz (siehe Kapitel 3.1) die benötigte Akkukapazität. Im Anschluss gilt es dann zu überlegen, ob die benötige Batteriebank nicht durch zusätzliche Stromquellen verkleinert werden kann. Denn: Je mehr man jederzeit nachladen kann, desto weniger muss gespeichert werden. Dabei gilt es, zu bedenken, dass man sich weder auf den Wind noch auf die Sonne 100-prozentig verlassen kann. Dennoch: Zumindest eines von beiden ist üblicherweise verfügbar. Wer meist in nördlicheren Breiten unterwegs ist, wird eher auf Wind treffen; im Süden ist es die Sonne, die mit größerer Zuverlässigkeit scheint. Im Passateinfluss ist eigentlich beides jederzeit vorhanden. Wer aus optischen oder Platzgründen an Deck oder auf einem Geräteträger am Heck weder Solarzellen (abdeckungsfrei) noch einen Windgenerator installieren möchte oder kann, für den bleibt nur der Wellen- oder Hydrogenerator oder der Rückgriff auf energieträgerbasierte Stromerzeuger. Dies sind die Antriebsmaschine mit eventuell einer zusätzlichen Lichtmaschine, ein Generator oder eine Brennstoffzelle.

Bei allen diesen Quellen gilt es zu bedenken, dass die Versorgung mit dem benötigten Energieträger gewährleistet sein muss. Ethanol oder Propangas sind bei Weitem nicht überall erhältlich. Bei Diesel sieht das schon anders aus. Allerdings muss mit sehr unterschiedlicher Qualität gerechnet werden. Gute Filter sind unerlässlich. Echte Unabhängigkeit erreicht nur, wer komplett auf Energiequellen setzt, die nicht auf fossile Energieträger

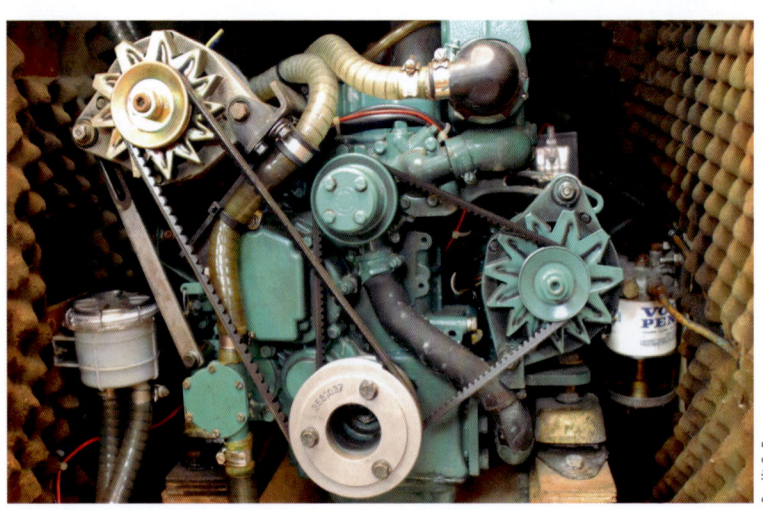

Satte Stromausbeute dank zweiter Lichtmaschine: Motorraum mit ausreichend Platz.

Credit S. Roever

Kompakt und gekapselt: Dieselgenerator.

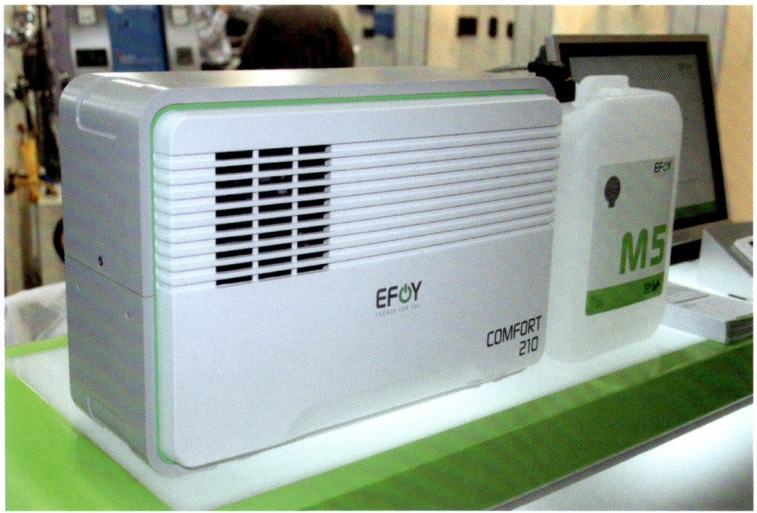

Brennstoffzelle von Efoy mit einem Tagesertrag von 210 Amperestunden.

zurückgreifen. Der Energiebedarf einer Yacht lässt sich problemlos aus Sonnen-, Wind- und Wasserkraft erzeugen. Vor Anker liefern Sonne und Wind, in Fahrt alle drei genügend Strom. Zudem benötigt eine vor Anker liegende Yacht weniger Energie als eine in Fahrt befindliche. Das Ankerlicht benötigt

Benzingenerator: leise und handlich, aber von der Benzinversorgung abhängig.

weniger Strom als die Beleuchtung in Fahrt, die Navigationselektronik ist abgeschaltet und da die Crew nicht dauerhaft an Bord ist, wird insgesamt weniger verbraucht. Für die Erzeugung bedarf es jedoch eines oder zweier Windgeneratoren und größerer Solarflächen. Zudem muss ein Wellengenerator im Motorraum oder ein Hydrogenerator am Heck der Yacht montiert werden. Ein geeigneter Einbauort ist also Voraussetzung. Auf Langfahrtyachten ist das häufig der Geräteträger am Heck. Dort stören die Bauteile nur die Optik und eine Abschattung der Solarzellen ist nahezu ausgeschlossen. Nicht zuletzt gilt es auch, die Kosten der Energiequellen zu vergleichen. Von der Erstinvestition her gesehen sind Dieselgenerator, Hydrogenerator und Brennstoffzelle wohl am teuersten. Jeweils mehrere 1000 Euro werden hier fällig. Zudem sind bei Generator und Brennstoffzelle nicht unerhebliche Folgekosten für den Energieträger (Diesel, Ethanol oder Gas) und die Wartung der Geräte einzuplanen. Folgekosten entfallen bei Sonne, Wind und Wasser nahezu völlig. Was sich in diesem Vergleich jedoch auch zeigt, ist, dass die teureren Geräte mehr Strom erzeugen. Bei einem Generator sind es leicht mehrere Kilowatt in der Stunde, was nur sinnvoll ist, wenn auch eine Klimaanlage, eine Waschmaschine oder ein Herd damit betrieben werden. Zum Aufladen der Akkus ist ein Generator schlicht unsinnig, weil er mehr Strom liefert, als die Akkus aufnehmen können. Die Energie muss also unmittelbar an anderer Stelle »verbraten« werden. Auch Hydrogenerator und Brennstoffzelle liefern mehr Strom als allein zum Laden der Akkus benötigt wird – allerdings zu wenig für den Betrieb von Klimaanlage und Co. Sind die Stromspeicher an Bord einmal voll, dann liefert der Hydrogenerator in Fahrt genug Energie, um die Bordsysteme damit zu betreiben. Gleiches gilt für die größeren Brennstoffzellen, dann allerdings bedarf es eines enormen Vorrats an Brennstoff.

Letztlich ist die Entscheidung für Langfahrtsegler klar: Sonne und Wind heißen die Zauberwörter, eventuell ergänzt durch einen Wellen- oder Hydrogenerator. So wird völlige Autarkie greifbar. Eine zusätzliche Lichtmaschine am Dieselmotor liefert Strom, auch wenn alle anderen Energiequellen versagen. Denn: Wenn kein Wind weht, kommt auch von Wellen- und Hydrogenerator kein Beitrag. Dann bleibt die Sonne die einzige nicht fossile Quelle, und der Dieselmotor liefert ein Back-Up. Ist das Schiff größer und sind Waschmaschine und Klimaanlage an Bord, führt allerdings kein Weg am Generator vorbei. Wer nur gelegentlich, beispielsweise im Urlaub, längere Zeit autark sein möchte, dem stehen mehrere Wege offen. Die Brennstoffzelle eignet sich dann ebenso wie Wind und Sonne – vielleicht mit demontierbaren Paneelen, die nach dem Urlaub wieder im Keller verschwinden und so die Optik der Yacht nicht dauerhaft beeinträchtigen. Auch ein kleiner Benzingenerator könnte ebenso wie eine zweite Lichtmaschine die Lösung sein, um mal eben vor Anker die Akkus beizuladen.

Wie sehr sich diese Lösungen auf die Autarkie in Tagen auswirken, zeigt die Energiebilanz in Kapitel 3.1.

Wer ohnehin nie länger als drei Tage ohne Hafen auskommt, der braucht keine alternative Energiequelle an Bord. Gute Akkus, eine genaue Überwachung derselben und ein wenig Sparsamkeit (siehe Kapitel 3.2) reichen aus. Und im Notfall muss dann eben der Diesel ein paar Stunden laufen, um die Akkus zu füllen.

▶ Ob und wenn ja welche Energiequelle benötigt wird, hängt vom Nutzungsprofil ab.

▶ Wirklich energieautark sind nur Sonnen-, Wind- und Strömungsquellen.

▶ Welche Energiequelle die Richtige ist, hängt auch vom Fahrgebiet ab.

▶ Die Gegebenheiten an Bord bestimmen auch die Nutzbarkeit von Sonne und Wind.

▶ Bei der Bewertung spielen die Anschaffungs- und Betriebskosten sowie die Kosten pro Wattstunde eine Rolle.

3.5 Typische Bordnetze

Nicht alle Bordnetze sind gleich, schon weil auch nicht alle Boote gleich genutzt werden. Im Folgenden werden anhand verschiedener Bootstypen – Kleinkreuzer, Charteryacht, Regattayacht und Blauwasseryacht – typische Systeme gezeigt sowie ihre Energiequellen, die -speicher, die -verteilung und die -verbraucher. Natürlich handelt es sich lediglich um Beispiele, dennoch kann es etwa bei der Fehlersuche ganz hilfreich sein zu wissen, wie ein Bordnetz typischerweise aussieht.

Kleinkreuzer

Auf einem Kleinkreuzer sind typischerweise nur wenige Verbraucher zu finden. Das System ist sehr einfach. Auch für die Verteilung reichen zumeist schon wenige Schalter am Paneel. Positionslichter, unter sieben Metern Länge reicht ein einfaches weißes Rundumlicht, ein UKW-Funkgerät, vielleicht ein Plotter oder Echolot, ein Radio und etwas Beleuchtung in der Kajüte – soweit ganz simpel. Aufwendiger wird die Sache, wenn zudem eine Kompressorkühlbox betrieben werden soll. Dann wachsen Akkukapazität und Ladegerät oder Solarzelle an. Als Energiequellen kommen typischerweise ein kleines Ladegerät mit Landstrom, ein kleines Solarpaneel oder eine Spule mit Gleichrichter am Außenborder in Frage, wobei Letztere wegen der zumeist kurzen Laufzeiten und der geringen Stromausbeute des Flautenschiebers wenig sinnvoll ist. Die Energiebilanz des Kleinkreuzers sieht dann in etwa so aus:

Ohne Kühlbox:

Verbraucher	Leistung in Watt	Dauer in h	Ah
Navigation	20	7	12
Funk	10	7	6
Kühlbox (25 % Lfz. bei 32 °C)	45	0	0
Radio	20	3	5
Nav. Bel. (entweder …)	10	7	6
Ankerlicht (… oder)	10	6	5
Innenbel. (Petroleum geht auch)	25	2	4
Heizung	18	0	0
Sonstiges (Trinkwasserpumpe etc.)	40	0	0
Verbraucher x	0	0	0

Verbraucher	Leistung in Watt	Dauer in h	Ah
Verbraucher y	0	0	0
Verbraucher z	0	0	0
Quellen			
Solarpaneele in Wp (Ausbeute 3x Wp pro Tag in Wattstunden)	50	0	13
Generator Benzin/Diesel	0	0	0
Wellengenerator	0	0	0
Windgenerator	0	0	0
Brennstoffzelle	0	0	0
	0	0	0
Lichtmaschine lädt	0	0	0
Saldo Ah pro Tag			**25**
benötigte Batterieleistung (doppelter Tagesbedarf)			50

Mit Kühlbox:

Verbraucher	Leistung in Watt	Dauer in h	Ah
Navigation	20	7	12
Funk	10	7	6
Kühlbox (25 % Lfz. bei 32 °C)	45	6	23
Radio	20	3	5
Nav. Bel. (entweder ...)	10	7	6
Ankerlicht (... oder)	10	6	5
Innenbel. (Petroleum geht auch)	25	2	4
Heizung	18	0	0
Sonstiges (Trinkwasserpumpe etc.)	40	0	0
Verbraucher x	0	0	0
Verbraucher y	0	0	0
Verbraucher z	0	0	0
Quellen			
Solarpaneele in Wp (Ausbeute 3x Wp pro Tag in Wattstunden)	50	0	13
Generator Benzin/Diesel	0	0	0
Wellengenerator	0	0	0
Windgenerator	0	0	0
Brennstoffzelle	0	0	0
	0	0	0
Lichtmaschine läuft	0	0	0
Saldo Ah pro Tag			**48**
benötigte Batteriekapazität (doppelter Tagesbedarf)			96

Gut zu sehen ist, dass die Kühlbox eine genau doppelt so große Batterie erforderlich macht.

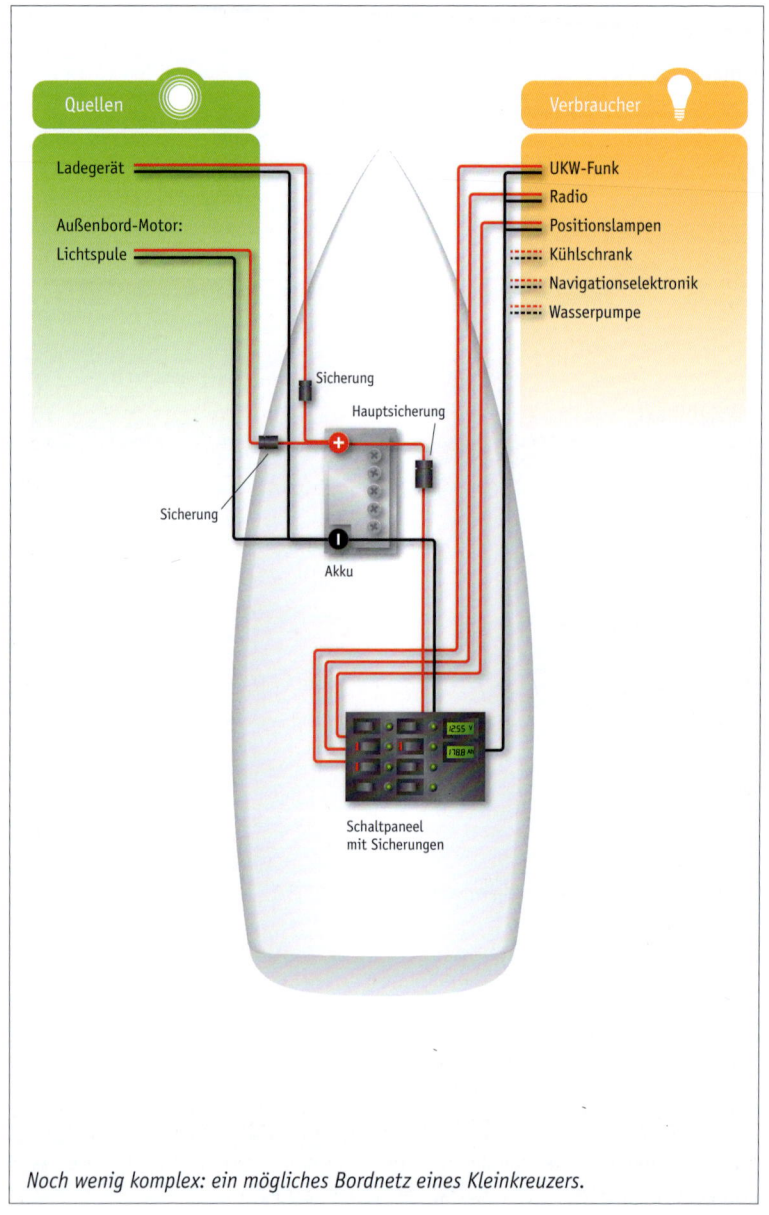

Quellen

Ladegerät

Außenbord-Motor:

Lichtspule

Verbraucher

UKW-Funk

Radio

Positionslampen

Kühlschrank

Navigationselektronik

Wasserpumpe

Sicherung

Hauptsicherung

Sicherung

Akku

Schaltpaneel
mit Sicherungen

Noch wenig komplex: ein mögliches Bordnetz eines Kleinkreuzers.

Eigner- oder Charteryacht

Typisch für diese Yachten ist eine nahezu serienmäßige Ausstattung, sowohl was Energiequellen als auch -verbraucher angeht. Zudem sind die Zeiten zwischen Hafenaufenthalten eher kurz, oft nicht länger als zwei bis drei Tage. Verbraucher sind in der Regel Kühlschrank, Licht, Navigationseinrichtungen, Funk, Wasserpumpen – etwa für die Heckdusche –, Radio und Ankerwinsch. Wird Letztere durch einen separaten Akku versorgt, belastet sie die Servicebatterien nicht. Auf einer Charteryacht ebenfalls üblich: ein Umformer zum Aufladen von Handys und Laptops. Energiequellen an Bord einer Charteryacht sind üblicherweise die einfache Lichtmaschine und das Ladegerät. Erst seit kurzem rüsten einige Vercharterer ihre Schiffe mit Solarpaneelen aus, um zumindest einen Teil des Energieverbrauchs zu decken und somit die Autarkie in Tagen zu verlängern. Eine Energiebilanz einer Charteryacht sieht in etwa so aus:

Verbraucher	Leistung in Watt	Dauer in h	Ah
Navigation	20	7	12
Funk	10	7	6
Kühlschrank (25 % Lfz. bei 32 °C)	60	6	30
Radio	20	3	5
Nav. Bel. (entweder ...)	10	7	6
Ankerlicht (... oder)	10	6	5
Innenbeleuchtung (Petroleum geht auch)	25	2	4
Heizung	18	3	5
Sonstiges (Trinkwasserpumpe etc.)	40	1	3
Ankerwinsch	1000	0,2	17
Umformer	350	2	58
Verbraucher z	0	0	0
Quellen			
Solarpaneele in Wp	0	0	0
Generator Benzin/Diesel	0	0	0
Wellengenerator	0	0	0
Windgenerator	0	0	0
Brennstoffzelle	0	0	0
Quelle y	0	0	0
Lichtmaschine läuft. Davon die Hälfte, da der Akku nicht die volle Ladung aufnehmen kann.	960	2	80
Saldo Ah pro Tag			**70**

Gut zu sehen ist, wie viel Energie der Umformer verbraucht. Um drei Tage autark zu sein, wäre eine Kapazität von 420 Ah erforderlich.

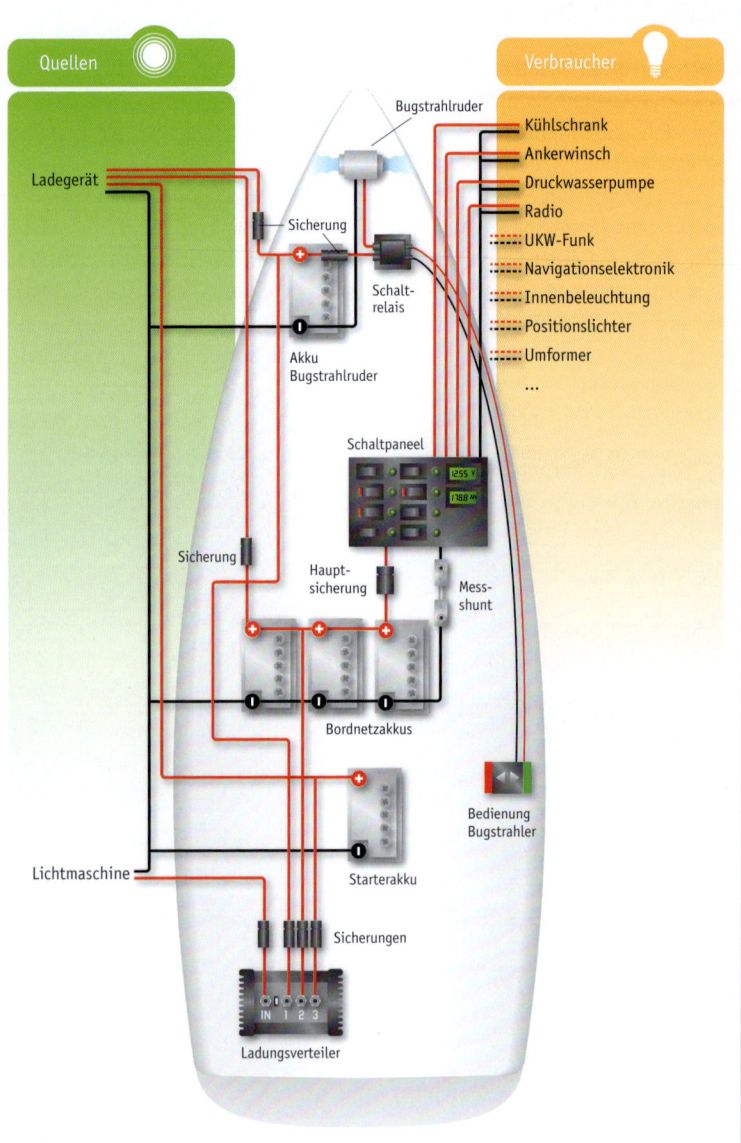

Quellen

Verbraucher

Bugstrahlruder

Ladegerät

Sicherung

Schalt-relais

Akku
Bugstrahlruder

Kühlschrank
Ankerwinsch
Druckwasserpumpe
Radio
UKW-Funk
Navigationselektronik
Innenbeleuchtung
Positionslichter
Umformer
...

Schaltpaneel

Sicherung

Haupt-sicherung

Mess-shunt

Bordnetzakkus

Bedienung
Bugstrahler

Lichtmaschine

Starterakku

Sicherungen

IN 1 2 3

Ladungsverteiler

Ebenfalls noch recht übersichtlich: Bordnetz, wie auf vielen Charteryachten zu finden.

Regattayacht

Auf der Regattayacht geht es ums schnelle Segeln, und schnell segelt, wer leicht ist. Komfort steht nicht im Vordergrund. Große Verbraucher sind der Bordrechner, der Kurse und Wetter ermittelt, und eventuell ein Wassermacher – schließlich würde es zu viel zusätzliches Gewicht bedeuten, auf längeren Regatten Trinkwasser für die gesamte Dauer mitzunehmen. Auf modernen Yachten ebenfalls immer wichtiger: Hydraulikpumpen. Diese sollen jedoch hier einmal außen vor bleiben. Als Energiequelle haben sich auf Regattayachten in den letzten Jahren vermehrt Hydrogeneratoren durchgesetzt. Sie liefern viel Strom, kosten kaum Fahrt und passen gut zu Regattayachten. Schließlich liefern die Hydrogeneratoren nur Strom, wenn das Schiff in Fahrt ist. Und das ist ja schließlich der Sinn einer Rennyacht. Die Energiebilanz einer Regattayacht könnte in etwa so aussehen:

Verbraucher	Leistung in Watt	Dauer in h	Ah
Volle Navigation mit Bordrechner	100	24	200
Funk	10	24	20
Kühlschrank (25 % Lfz. bei 32 °C)	60	0	0
Radio	20	1	2
Nav. Bel. (entweder ...)	10	10	8
Ankerlicht (... oder)	10	0	0
Innenbeleuchtung (Petroleum geht auch)	25	0	0
Heizung	18	0	0
Sonstiges (Trinkwasserpumpe etc.)	40	1	3
Entsalzungsanlage	240	4	80
Umformer	350	1	29
Verbraucher z	0	0	0
Quellen			
Solarpaneele in Wp	0	0	0
Generator Benzin/Diesel	0	0	0
Wellengenerator	0	0	0
Windgenerator	0	0	0
Brennstoffzelle	0	0	0
Hydrogenerator (bei 6–8 Knoten Bootsspeed)	300	14	350
Lichtmaschine läuft. Davon die Hälfte, da der Akku nicht die volle Ladung aufnehmen kann.	960	0	0
Saldo Ah pro Tag			**–7**

Sehr gut zu sehen ist, wie der Hydrogenerator schon mit nur 14 Stunden im Wasser den recht üppigen Energieverbrauch der Regattayacht decken kann. Die Akkus dienen dabei nur noch als Puffer. Solange der Generator funktioniert, ist also die Energieversorgung gesichert. Die meisten Regattayachten verfügen über zwei Generatoren – einen für jede Bugseite und eben als Redundanz.

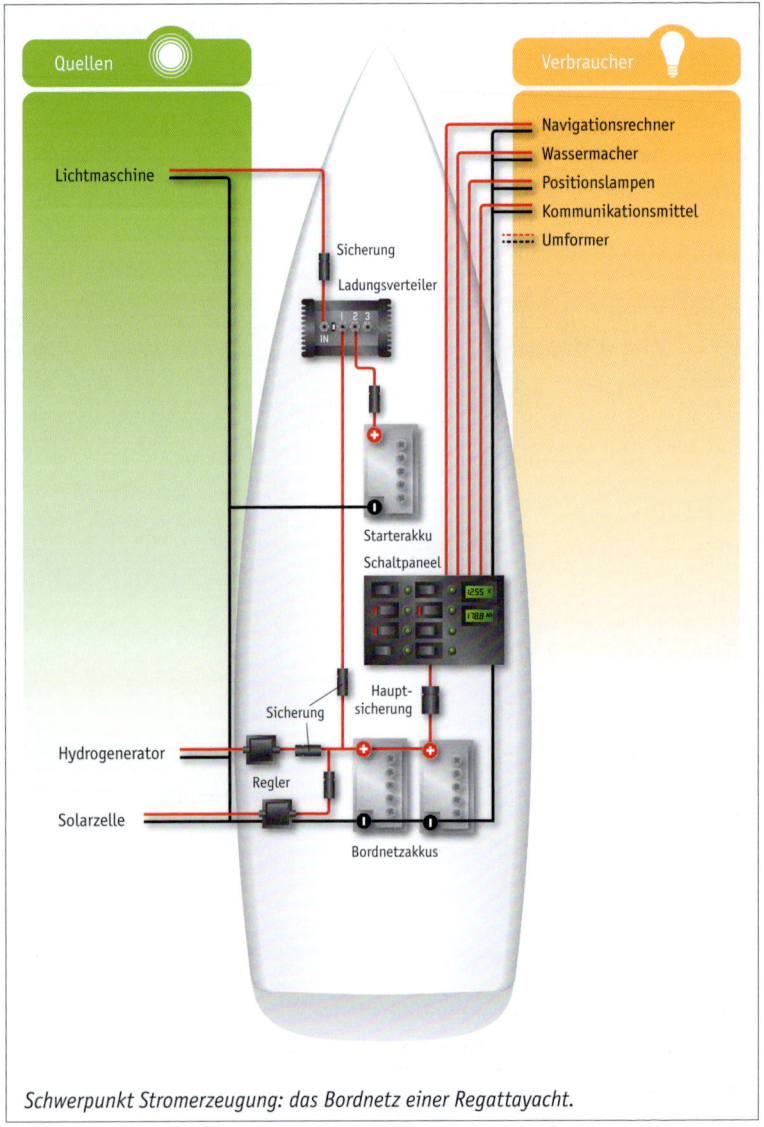

Schwerpunkt Stromerzeugung: das Bordnetz einer Regattayacht.

Blauwasseryacht

Die Blauwasseryacht kennt zwei Betriebszustände, wenn sie nicht im Hafen und damit am Strom liegt: in Fahrt und vor Anker. In beiden Fällen muss sie in der Lage sein, so viel Energie zu erzeugen, wie verbraucht wird. Neben den üblichen Verbrauchern verfügen viele Blauwasseryachten über Bordrechner, teilweise über Klimaanlagen, Entsalzungsanlagen und im Extremfall sogar über Tauchkompressoren zum Auffüllen der Pressluftflaschen sowie über Waschmaschinen. Spätestens dann ist klar, dass ein Dieselgenerator an Bord sein muss. Mit etwas Planung ist es jedoch durchaus möglich, auch ohne einen solchen zurechtzukommen, was die Unabhängigkeit von fossilen Energieträgern sichert. Typische Energiequellen auf Blauwasseryachten sind daher Solarzellen, Wellen- und Windgeneratoren sowie eine zweite Lichtmaschine. Sie sichert, wenn der Diesel läuft, eine schnelle Ladung der Akkus. Die Energiebilanz einer Blauwasseryacht in Fahrt könnte in etwa so aussehen:

Verbraucher	Leistung in Watt	Dauer in h	Ah
Navigation incl. kleinem Bordrechner	50	12	50
Funk	10	8	7
Kühlschrank (25 % Lfz. bei 32 °C)	45	6	23
Radio	20	1	2
Nav. Bel. (entweder …)	10	10	8
Ankerlicht (… oder)	10	0	0
Innenbeleuchtung (Petroleum geht auch)	25	1	2
Heizung	18	2	3
Sonstiges (Trinkwasserpumpe etc.)	40	1	3
Entsalzungsanlage	240	0	0
Umformer	350	1	29
Verbraucher z	0	0	0
Quellen			
Solarpaneele in Wp (Ausbeute 3x Wp pro Tag in Wattstunden, siehe Kapitel 4.4)	300	0	75
Generator Benzin/Diesel	0	0	0
Wellengenerator	0	0	0
Windgenerator bei 15 Kn Wind	50	12	50
Brennstoffzelle	200	0	0
Hydrogenerator (bei 6–8 Knoten Bootsspeed)	300	0	0
Lichtmaschine läuft. Davon die Hälfte, da der Akku nicht die volle Ladung aufnehmen kann.	960	0	0
Saldo Ah pro Tag			**2**

Gut zu sehen ist, dass mit 300-Wp-Solarpaneelen und einem Superwind 350 der Energiebedarf in Fahrt komplett gedeckt werden kann. Sollte es Tage geben, an denen nicht beide Energiequellen zur Verfügung stehen, also kein Wind oder/und keine Sonne bereitstehen, kann der Diesel zur Ladung der Akkus herhalten. Die etwa 130 Ah, die die Blauwasseryacht pro Tag verbraucht, lassen sich für zwei Tage aus einer 500 Ah großen Batteriebank bedienen. Dann aber muss wieder frische Energie her – egal ob aus dem Hafen, von der Sonne oder vom Wind. Vor Anker sieht die Energiebilanz anders aus:

Verbraucher	Leistung in Watt	Dauer in h	Ah
Bordrechner	50	8	33
Funk	10	0	0
Kühlschrank (25 % Lfz. bei 32 °C)	45	6	23
Radio	20	8	13
Nav. Bel. (entweder …)	10	0	0
Ankerlicht (… oder)	10	10	8
Innenbeleuchtung (Petroleum geht auch)	25	1	2
Heizung	18	2	3
Sonstiges (Trinkwasserpumpe etc.)	40	1	3
Entsalzungsanlage	240	0	0
Umformer	350	1	29
Verbraucher z	0	0	0
Quellen			
Solarpaneele in Wp (Ausbeute 3x Wp pro Tag in Wattstunden, siehe Kapitel 4.4)	300	0	75
Generator Benzin/Diesel	0	0	0
Wellengenerator	0	0	0
Windgenerator bei 8 Kn Wind (kein Fahrtwind)	20	12	20
Brennstoffzelle	200	0	0
Hydrogenerator (bei 6–8 Knoten Bootsspeed)	300	0	0
Lichtmaschine läuft. Davon die Hälfte, da der Akku nicht die volle Ladung aufnehmen kann.	960	0	0
Saldo Ah pro Tag			**20**

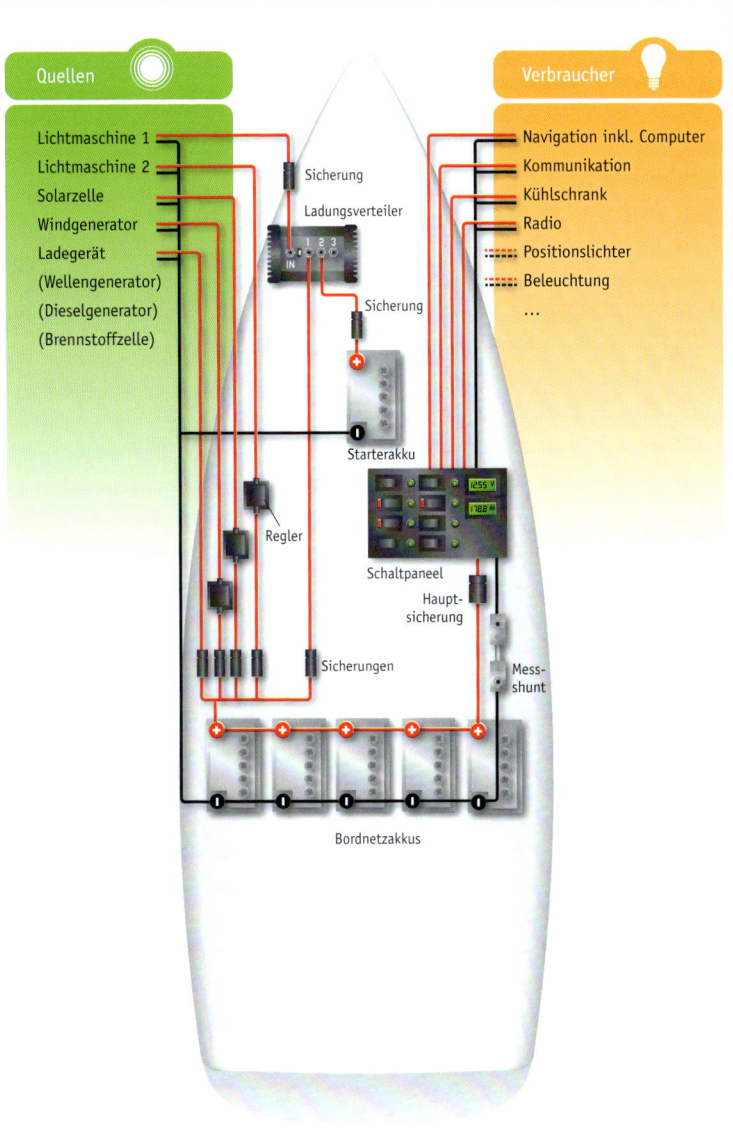

Königsklasse: Auf einer Langfahrtyacht spielt die Energieversorgung eine große Rolle. Entsprechend komplex ist das Bordnetz.

Interessanterweise ist die Energieversorgung vor Anker schwieriger als in Fahrt. Dem Windgenerator fehlt der Fahrtwind, und Ankerplätze sind häufig windgeschützt. Zudem wird vor Anker liegend mehr mit dem Rechner gearbeitet – E-Mails schreiben etc. –, was wiederum einige Energie verbraucht. Ausgehend von einer 500 Ah großen Akkubank müsste mindestens einmal in der Woche der Dieselmotor aushelfen und die Akkus beiladen.

Die Frage, welche Yacht wie viel Strom benötigt, wo er herkommt und wie er gespeichert wird, lässt sich anhand obiger Beispiele ein wenig besser erfassen. Letztlich mag die beste Planung nur Anhaltspunkte liefern, denn in der Realität wird niemand nach den eingeplanten täglichen zwei Stunden das Radio abschalten, wenn gerade die Lieblings-CD läuft – zumindest nicht aus Energiespargründen. Dennoch: Wer die Energieversorgung auf seiner Yacht plant, dem mögen die Angaben, die auf Erfahrungen anderer Eigner basieren, durchaus helfen.

> ▶ Die verschiedene Nutzung von Yachten erzeugt verschiedene Bordnetze.
>
> ▶ Jedes Bordnetz ist anders, dennoch lassen sich durchaus typische Komponenten erkennen.
>
> ▶ Anhand der Energiebilanz lassen sich verschiedene Varianten und Betriebszustände durchspielen.
>
> ▶ Wer ein Bordnetz neu auslegen will, orientiert sich oft an der »Best Practice« anderer Eigner.
>
> ▶ Vor Anker brauchen Fahrtenyachten nicht unbedingt weniger Strom als in Fahrt.

4.1 Der Akku – Parkplatz für den Strom

An Bord einer Yacht gibt es einerseits Verbraucher wie den Kühl-schrank oder das Licht sowie andererseits Energiequellen wie die Lichtmaschine des Dieselmotors und zumeist ein Ladegerät, das nur funktioniert, wenn Landstrom zur Verfügung steht. Beim Segeln läuft aber weder der Antriebsmotor, noch ist die Yacht mit einer Steckdose an Land verbunden. Unterwegs und vor Anker liegend muss der Strom für das Bordnetz also aus der Batterie kommen. Natürlich gibt es auch hier einiges zu beachten.

Auf einer normalen Fahrtenyacht werden am Tag als Daumenwert schnell mal 100 Amperestunden Strom und mehr verbraucht – die Navigationselektronik, der Kühlschrank, das Radio, die Trinkwasserpumpe, die Positionslichter usw. wollen versorgt sein. Will man nicht ständig den Diesel laufen lassen, um mit dessen Lichtmaschine die Akkus zu laden, oder nicht schon nach kurzer Zeit einen Hafen anlaufen müssen, um dort mittels Landstrom und Ladegerät die

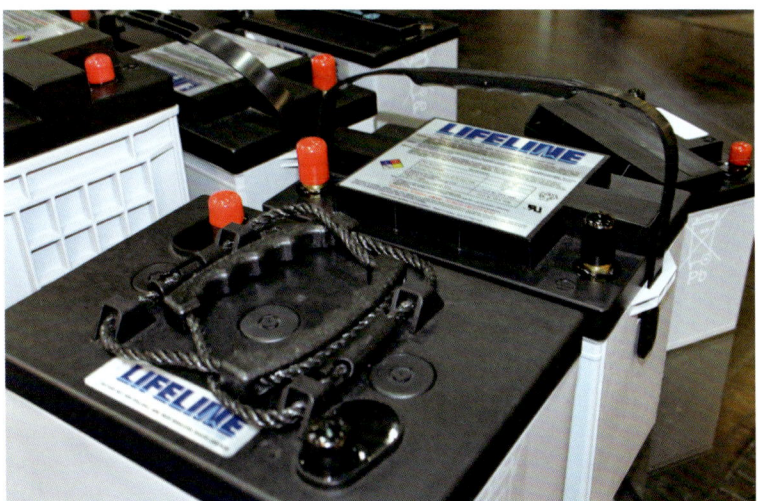

Verschiedene Anordnungen der Batteriepole – so lassen sich leichter Reihen- oder Parallelschaltungen anklemmen.

Akkus zu befüllen, gilt es, die Energiespeicher an Bord ausreichend zu dimensionieren. Doch was ist ausreichend? Darauf wird im Kapitel 3.1 eingegangen. Hier wird erläutert, was es seitens der Akkus zu bedenken gilt. Zunächst gibt es verschiedene Akkutypen.

»Nasse« Bleiakkus haben einen flüssigen Elektrolyt, also die Flüssigkeit, die zwischen den Bleiplatten den Stromfluss sicherstellt. Bei AGM-Akkus ist dieser in einem Vlies, eben einer **A**bsorbierenden-**G**las-**M**atte gebunden. Gel-Akkus haben einen Elektrolyt aus Gel. Allen gemein sind die Platten aus Blei. Die einzige Akkutechnologie, bei der auf den Einsatz von diesem Schwermetall verzichtet wird und die an Bord relevant ist, basiert auf Lithium, einem extrem leichten Metall, zur Speicherung der Energie. Wie wir noch sehen werden, unterscheiden sich die verschiedenen Typen durch ihre Leistungsfähigkeit, das Einsatzgebiet an Bord und den Preis. Die erste Frage, egal bei welchem Akku, ist die nach seiner Größe, oder besser: seiner Kapazität. Auf den Gehäusen steht immer irgendwo ein Wert wie 200 Ah. Das bedeutet, dass bei einer konstanten Entnahme 200 Amperestunden (Ah) abgegeben werden, bis eine Entlade-Endspannung von ca. 10,5 Volt erreicht ist. Dann gilt der Akku als leer. Wird er dann wieder voll aufgeladen, etwa durch das Bordladegerät, nennt man diesen Vorgang einen Zyklus: voll–leer–voll. Dabei spielt es keine Rolle, wie leer der Akku zwischenzeitlich war. Korrekterweise müsste die Definition für den Zyklus also »voll–nicht mehr ganz voll–voll« sein. Dabei weisen verschiedene Akkutypen verschiedene Zyklenfestigkeiten auf, also die Anzahl der Lade- und Entladevorgänge, bis der Akku defekt ist. Wird ein gewöhnlicher Blei-Akku bis zum Erreichen seiner Entlade-Endspannung entladen, ist er nach etwa 100 Zyklen so sehr geschädigt, dass er nur noch etwa 80 Prozent seiner ursprünglichen Kapazität aufweist. Der Akku, auf dem 200 Ah steht, hat also in Wahrheit nur noch 160 Ah. Je tiefer der Akku entladen wird, desto schneller geht der Kapazitätsverlust von statten. Es empfiehlt sich also, Blei-Batterien an Bord je nach Typ nur zu etwa 40 bis 70 Prozent zu entladen. Von dem 200 Ah großen Akku stehen also nur 80 bis 140 Ah tatsächlich für das Bordnetz zur Verfügung. Das ist wichtig bei dessen Auslegung. Verschiedene Akkutypen zeigen in der Nutzung verschiedene Charakteristika. Das ist auch gut so, denn die Art, wie Batterien an Bord verwendet werden, unterscheidet sich erheblich.

Ein Akku, der den Dieselmotor zum Leben erwecken soll, muss zunächst viel Strom zum Vorglühen zur Verfügung stellen können. Ist der Glühvorgang beendet, wird noch mehr Strom zum Starten, also dem Drehen des Anlassers, benötigt. Danach ist der Akku mit seiner Arbeit fertig. Für den Rest des Törns wird zwar noch Strom aus der Lichtmaschine in ihn hineingepumpt, nicht aber mehr hinaus. Ein typischer Starterakku muss also über kurze Zeit hohe Ströme zur Verfügung stellen können.

Ganz anders der Verbraucher- oder Serviceakku. Aus ihm werden über einen langen Zeitraum, oft Stunden oder sogar Tage, kleinere Mengen Strom entnommen. Blei-Batterien, die einen hohen Strom schnell abgeben können, sind auch in der Lage, höhe Ladeströme zu absorbieren, wenn sie wieder geladen werden. Die Menge an Strom, die auf einmal zur Verfügung gestellt werden kann, wird in der Werbung für Autobatterien als Kaltstartstrom bezeichnet. Sie ist in der Regel auf der Batterie angegeben.

Wer Akkus kauft, findet also drei Angaben: Die Nennspannung, zumeist 12 Volt, die Kapazität, also beispielsweise 200 Ah, und den Kaltstartstrom. Es gilt folgende grobe Faustregel: Bei einem Verhältnis von Kapazität zu Kaltstartstrom von mehr als vier handelt es sich um eine typische Starterbatterie. Ist das Verhältnis kleiner, handelt es sich eher um eine Verbraucherbatterie. Einen weiteren Einfluss auf die Kapazität hat die Geschwindigkeit der Stromentnahme. Wird mit einem hohen Strom entladen, wird die Kapazität kleiner. Deshalb findet sich auf vielen Akkus eine Angabe wie »K20: 105 Ah, K5: 95 Ah«. Die Zahl hinter dem Buchstaben K gibt an, über welchen Zeitraum in Stunden die Kapazität entnommen wird. Bei einer Entladung über 20 Stunden ist der fließende Strom, den der Akku auf einmal zur Verfügung stellen muss, kleiner, als wenn die gesamte Kapazität in nur fünf Stunden verbraucht wird. Diese Angabe ist etwa dann von Bedeutung, wenn die Batteriekapazität für ein Schiff mit Elektroantrieb ausgelegt wird. Dort fließen hohe Ströme und der Nutzer muss wissen, welche Reserven die Akkus dann bereithalten. Üblicherweise wird auf Akkus die K20-Kapazität angegeben.

Verschiedene Akkus können also Verschiedenes leisten. Die Unterschiede liegen im Aufbau der Bleiplatten im Inneren. Sind sie dünner, aber dafür

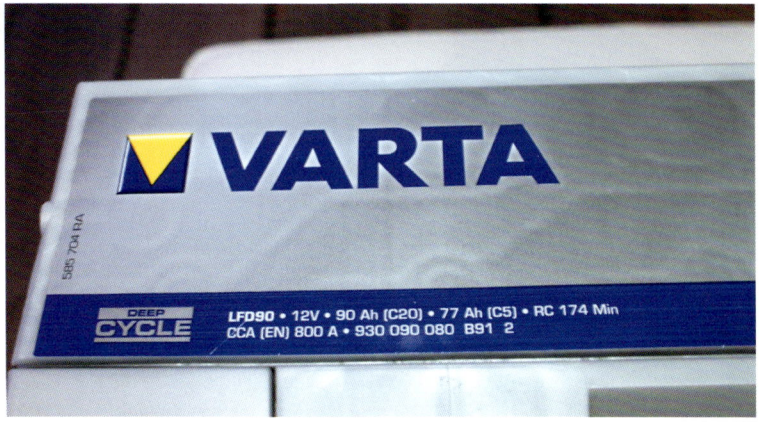

Typenschild: 90 Ah, wenn die Nennkapazität in 20 Stunden entnommen wird, 77 Ah, wenn es nur fünf sind.

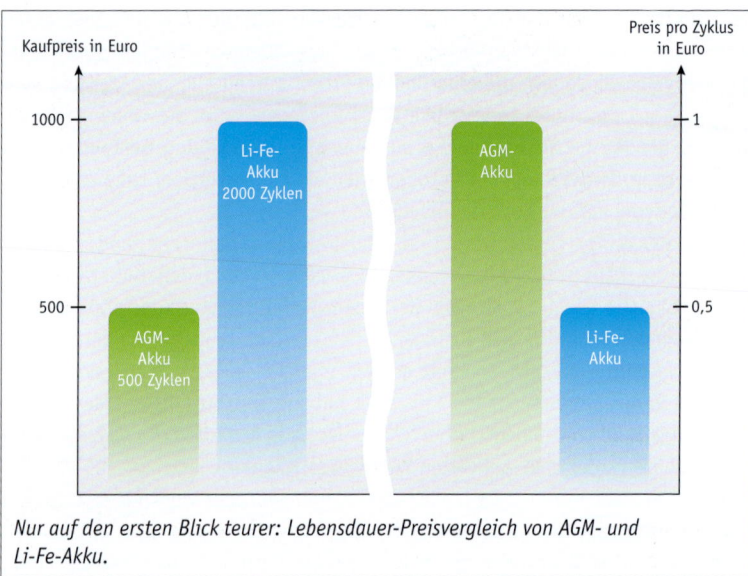

Nur auf den ersten Blick teurer: Lebensdauer-Preisvergleich von AGM- und Li-Fe-Akku.

zahlreicher vorhanden, ergibt sich eine größere Oberfläche zwischen Platten und Elektrolyt für mehr Kaltstartstrom und gleichzeitig weniger Kapazität und umgekehrt. Da die Akkus durchaus erhebliche Preisunterschiede aufweisen und viele Hersteller die zu erwartende Anzahl der Zyklen angeben (im Zweifel nachfragen), lohnt der Vergleich nicht nur über den reinen Anschaffungspreis, sondern auch über den Preis pro Zyklus. Beispiel: Ein AGM-Akku, der 500 Zyklen hält und 500 Euro kostet, kostet pro Zyklus das Doppelte eines Lithium-Akkus, der zwar 1000 Euro kostet, aber bis zu 2000 Zyklen hält!

Entscheidend für einen Akku sind also seine Nennspannung, die Kapazität in Bezug auf Entladegeschwindigkeit und -tiefe, die Charakteristik der möglichen Stromabgabe und -aufnahme sowie die Zyklenfestigkeit. Im Folgenden wird kurz auf die üblichen Charakteristika der unterschiedlichen Akkutypen eingegangen:

Nasser Bleiakku

Er ist ein typischer Starterakku. Hoher Kaltstartstrom, eher geringe nutzbare Kapazität. Die meisten modernen Akkus sind wartungsfrei. Das bedeutet, dass es sich um ein geschlossenes System handelt, aus dem beim Laden kein gefährliches Knallgas austritt und somit auch kein Elektrolyt in Form von destilliertem Wasser nachgefüllt werden muss. Nicht geschlossene Akkus gehören nicht an Bord. Sie sollten ausgetauscht werden. Auch geschlossene Bleiakkus

Als Starterakku gut geeignet: nasser Bleiakku.

verfügen über ein Überdruckventil. Wenn beim Aufladen die maximale Lade-endspannung (zumeist 14,4 Volt) überschritten wird, beginnt sich im Inneren Gas zu bilden.

Dieses entweicht durch das Überdruckventil. Ein geeignetes Ladegerät, das bei Erreichen der Gasungsspannung diese begrenzt, ist also für das Laden des Ak-kus unumgänglich. Da sich im Inneren eine Flüssigkeit befindet, die die Blei-platten bedecken muss, mögen die meisten nassen Bleiakkus keine Schräg-lage. Die Eignung an Bord ist also nur bedingt gegeben. Die Akkus müssen im Winter bei Frostgefahr von Bord. Idealerweise werden sie kühl, aber frostfrei gelagert. Da sie eine hohe Selbstentladung – also den internen Verbrauch von Strom – aufweisen, empfiehlt es sich, sie im Winter gelegentlich nachzuladen.

Fakten:

▶ als Starterakku geeignet

▶ Krängung vermeiden (auf Herstellerangaben achten)

▶ hoher Kaltstartstrom

▶ günstig

▶ hohes Gewicht im Verhältnis zur Kapazität (max. Entladung idealerweise nur 40 Prozent)

▶ im Winter kühl, aber frostfrei lagern; vor dem Lagern Akku laden

▶ Gasungsspannung 14,4 Volt

▶ wenig Zyklenfest (<200 bei 60 Prozent Entladetiefe)

▶ Selbstentladung bei 20 Grad Celsius sechs Prozent pro Monat, bei zehn Grad drei Prozent

AGM

Der AGM-Akku hat den Elektrolyt in einer Glasfasermatte gebunden (Absorbed Glass Mat). Dadurch kann der Elektrolyt nicht von den Bleiplatten wegfließen und der Innenwiderstand des Akkus verringert sich. Daher kann ein AGM-Akku Strom schnell aufnehmen und abgeben, ist allerdings auch dazu imstande, den Strom langsam abzugeben – wichtig für den Einsatz als Verbraucherakku an Bord. Er verfügt über eine geringe Selbstentladung.

Der maximale Ladestrom beträgt etwa 30 Prozent der Kapazität. Der 100-Ah-Akku kann also mit etwa 30 A geladen werden. Eine Sonderform des AGM-Akkus

Können sehr groß sein: AGM-Akkus.

Hoher Strom möglich: Spiralzellen haben eine große Bleioberfläche und können daher viel Strom auf einmal abgeben – ideal für Ankerwinschen und Bugstrahler.

ist die Spiralzelle. In ihr ist eine dünne Bleiplatte mit der AGM zusammen ein-
gerollt – wie eine Spirale. Dadurch ergibt sich eine enorme Oberfläche im
Vergleich zur Gesamtgröße. Sie kann Strom schnell aufnehmen und abgeben.
Durch die hohe Nutzbarkeit der Kapazität erreicht sie zudem ein gutes Verhältnis von Gewicht zu Kapazität. Die Spiralzelle eignet sich ideal als Batterie für Elektroantriebe, Ankerwinschen und Seitenstrahlruder, da dort hohe
Ströme fließen.

Fakten:

- ▶ als Start- und Verbraucherakku geeignet

- ▶ Krängung unproblematisch

- ▶ Entnahme bis zu 60 Prozent der Kapazität (Spiralzellen bis zu
  80 Prozent)

- ▶ teurer als Nass- und günstiger als Gel-Akkus

- ▶ gutes Gewichts-/Kapazitätsverhältnis

- ▶ spezielle Lagerung im Winter ist nicht erforderlich; vor längerem Nichtgebrauch Akku laden

- ▶ Ladeendspannung bis zu 15 Volt (Hersteller fragen!)

- ▶ defekt nach Überladung

- ▶ gute Zyklenfestigkeit (etwa 500 Zyklen bei 50 Prozent Entladetiefe)

- ▶ Selbstentladung bei 20 Grad Celsius drei Prozent, bei zehn Grad
  1,5 Prozent)

Gel

Der Gel-Akku ähnelt sehr dem AGM-Typ. Der Elektrolyt ist ein Gel – damit
ist dieser Akkutyp sehr gut für rauere Anwendungen geeignet. Auch große
Schräglagen schaden dem Gel-Akku nicht. Auch Gel-Akkus nehmen, wie die
AGM-Akkus, bei Überladung Schaden. Bei Anschaffung ist also darauf zu achten, dass das Ladegerät die Ladeendspannung begrenzt und somit zum Akkutyp passt. Gel-Akkus sind wartungsfrei.
Die maximale Ladestromaufnahme beträgt etwa 20 Prozent der Kapazität. Ein
100-Ah-Akku kann also maximal mit 20 A geladen werden. Um keinen Me-
moryeffekt, bei dem sich die Kapazität durch falsche Nutzung kontinuierlich
verringert, zu erhalten, muss der Gel-Akku mindestens einmal im Monat zu
100 Prozent vollgeladen werden. Auch der Gel-Akku verfügt über eine geringe
Selbstentladung. Nach der Erfindung der AGM-Akkus verlor die Gel-Technologie

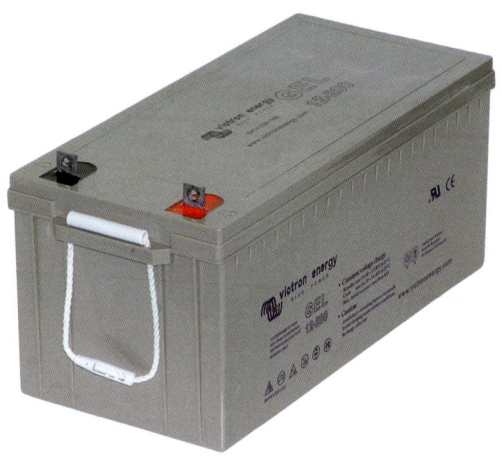

Gelakku.

an Bedeutung. Teurer, aber nur wenig zyklenfester als die AGM-Akkus, ent-
scheiden sich die meisten Kunden heute für die Glasmattentechnologie.

Fakten:

▶ als Verbraucherakku geeignet

▶ Krängung unproblematisch

▶ teurer als Nass- und AGM-Akkus

▶ schlechteres Gewichts-/Kapazitätsverhältnis als AGM

▶ spezielle Lagerung im Winter ist nicht erforderlich; vor längerem Nichtgebrauch Akku laden

▶ Ladeendspannung bis zu 15 Volt (Hersteller fragen!)

▶ defekt nach Überladung

▶ gute Zyklenfestigkeit (bis zu 900 Zyklen bei 50 Prozent Entladetiefe)

▶ Selbstentladung bei 20 Grad Celsius zwei Prozent, bei zehn Grad ein
Prozent

Lithium

Die derzeit rasanteste Entwicklung machen die auf Lithium basierenden
Batterien durch. Schon lange sind uns die Memory-Effekt-freien Akkus aus
dem Handy oder dem Laptop bekannt. Jetzt setzen sie sich zunehmend

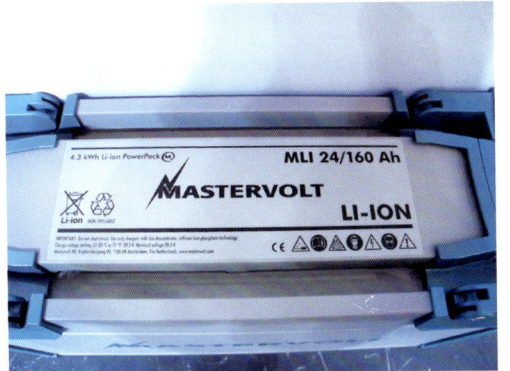

Teures Kraftpaket: Li-Ion-Akku von Mastervolt.

Lithium-Ferrit-Akku mit seitlichen Anschlüssen.

auch an Bord durch. Die größten Vorteile sind das unglaubliche Leistungsgewicht (nur 17 Kilogramm für 100 Ah nutzbaren Strom – AGM: 65 Kilogramm!), die erreichbaren Lade- und Entladegeschwindigkeiten (Ladung eines Akkus von leer zu voll in nur einer Stunde, entsprechende Ladetechnik vorausgesetzt) und eine bis zu zehnmal bessere Zyklenfestigkeit als AGM-Akkus. Nachteile sind der hohe Preis (etwa das dreifache von AGM-Akkus bei gleicher Kapazität), die erforderliche elektronische Regelung und die spezielle Ladetechnik. Lithiumbatterien nehmen sofort Schaden, sobald sie mit zu hoher Spannung geladen werden. Manche beginnen sogar zu brennen. Hier gilt also noch mehr als bei den vorher genannten Modellen: Akku und Ladetechnik müssen zueinander passen. Da, wie gesagt, die Entwicklung im Bereich der Lithium-Akkus rasant voran schreitet, werden die Preise in

Zukunft weiter sinken. Bei Drucklegung dieses Buches waren Li-Ion- (Mastervolt, Torqeedo) sowie Li-Fe-Akkus (Transwatt) am Markt erhältlich, die aus dem Modellbau bekannten Li-Polymer-Akkus waren es noch nicht. **Fakten:**

- ▶ als Starter- und Verbraucherakku geeignet

- ▶ Krängung unproblematisch

- ▶ deutlich teurer als Gel- und AGM-Akkus

- ▶ deutlich besseres Gewichts-/Kapazitätsverhältnis als AGM

- ▶ spezielle Lagerung im Winter nicht erforderlich; Akku nicht vollständig geladen einlagern

- ▶ Ladeendspannung variiert (Hersteller fragen!)

- ▶ defekt nach Überladung (Brandgefahr!)

- ▶ beste Zyklenfestigkeit (bis zu 2000 Zyklen bei 100 Prozent Entladetiefe)

- ▶ Selbstentladung nicht nennenswert

Batteriemanagement

Ein Batteriemanager misst über einen sogenannten Shunt, wie viel Strom in einen Akku hinein- und wieder herausfließt und protokolliert das. So gibt er jederzeit Auskunft über den Zustand des Akkus. Dadurch weiß der Nutzer, ob etwa ein weiteres Entladen dem Akku Schaden zufügen würde oder nicht.

Die Investition von wenigen hundert Euro ist durchaus sinnvoll. Erstens, weil vor einem Törn eingeschätzt werden kann, ob die Akkus ausreichend voll sind und zweitens, weil ein Zyklus so optimiert werden kann, dass maximal viel Strom entnommen

Der Batteriemonitor gibt Auskunft über aktuellen Verbrauch, Restkapazität des Akkus, Restzeit bei gegenwärtigem Verbrauch und Spannung.

wird, bevor die Akkus durch einschalten des Ladegerätes wieder geladen werden. Die Lebensdauer der Akkus wird somit erhöht, eine Ersatzinvestition in die teuren Stromspeicher hinausgezögert.

▶ Akkus stellen an Bord von Segelyachten die Unabhängigkeit von Land-strom und Diesel sicher.

▶ Ihre Kapazität wird in Amperestunden (Ah) gemessen. Von der Nenn-kapazität steht oft nur die Hälfte zur Verwendung bereit.

▶ Verschiedene Akkutypen sind für verschiedene Anwendungen geeignet.

▶ Nach einer gewissen Anzahl von Zyklen ist der Akku defekt. Die Anzahl hängt von der Entladetiefe ab.

▶ Richtige Pflege und passende Ladegeräte erhöhen die Lebensdauer von Akkus.

4.2 Landstromladegerät

Nahezu jede Yacht, die eine Stromversorgung an Bord hat, verfügt über ein Ladegerät. Doch wieder einmal ist Ladegerät nicht gleich Ladegerät. Auf die Kennlinie – also die Art, wie geladen wird – und die Leistung kommt es an. Zudem ist ausschlaggebend, für welche Akkutechnologie sich der Eigner entschieden hat. Danach richtet sich die Auswahl des Ladegeräts.

Viele kennen aus dem Automobilbereich ein Akkuladegerät. Ist die Batterie leer, wird sie für eine Weile daran angeschlossen. Ein Akkuladegerät verfügt in der Regel über eine einfache, sogenannte W-Kennlinie. Das Gerät lädt unabhängig vom Zustand der Batterie immer weiter. Wird die Ladung nicht überwacht, nimmt die Batterie Schaden. Von Vorteil ist, dass diese Geräte sehr günstig sind. Ihr Nachteil ist, dass sie nicht wie teurere Geräte den Ladevorgang an den Zustand der Batterie anpassen und ihn gegebenenfalls sogar beenden. Die Akkus können dadurch »gekocht« werden. Das Kontrollieren und rechtzeitige Beenden des Ladevorgangs durch einen Menschen ist also unumgänglich. An Bord sind diese Ladegeräte deshalb bestenfalls für Kleinkreuzer geeignet, wo die Bordbatterie nur gelegentlich für ein paar Stunden nachgeladen wird.

Nicht für den Einsatz an Bord geeignet: Ladegerät aus dem Autozubehör.

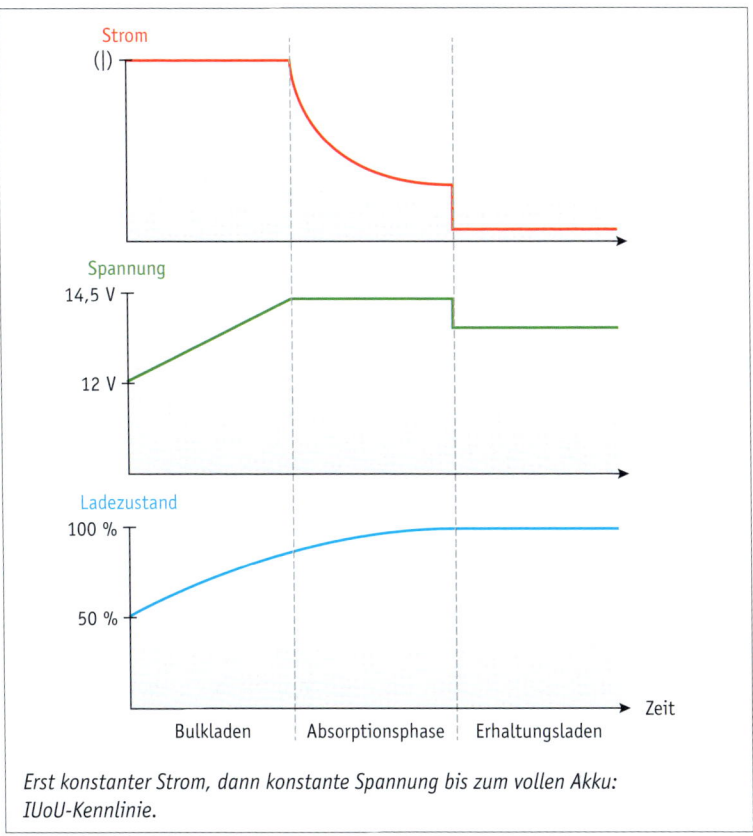

Erst konstanter Strom, dann konstante Spannung bis zum vollen Akku: IUoU-Kennlinie.

Auf Yachten kommen Ladegeräte mit IUoU-Kennlinie zum Einsatz. Sie erkennen den Ladezustand der Batterien und passen Strom (I) und Spannung (U) entsprechend an. Ein leerer Akku wird zunächst mit einem hohen, konstanten Strom (z.B. zehn bis 20 Prozent der Nennkapazität des Akkus, »Bulkladen«) geladen, bis seine Gasungsspannung – also die Spannung, oberhalb derer der Akku Schaden nehmen würde – erreicht wird. Danach wird in der »Absorptionsphase« mit kleinen Strömen und konstanter Spannung solange geladen, bis nahezu kein Strom mehr fließt. Anschließend ist der Akku voll, und es wird auf »Erhaltungsladung« (Floatphase) geschaltet. Auch hier wird die Spannung gesteuert, allerdings ist diese niedriger als in der Absorptionsphase. Der Strom ist gerade so hoch, dass die Selbstentladung kompensiert wird.

Moderne Akkus – egal ob AGM, Gel oder Lithium – sind teuer. Um ihre Lebensdauer zu optimieren, muss die Ladetechnik angepasst werden. Batterien, die mit einer zu niedrigen Ladeendspannung geladen werden, bleiben bei der

Versorgung des Bordnetzes hinter ihren Möglichkeiten zurück, weil sie nie bis zu ihrer Nennkapazität geladen werden. Ein AGM-Speicher sollte mindestens mit zehn bis 30 Prozent seiner Nennkapazität geladen werden, eine Absorptionsphase von ca. 10 Stunden gilt als ideal. Ein 200-Ah-Akku benötigt also ein 20 bis 24 Ampere starkes Ladegerät. Darüber hinaus sollte dieses Gerät in der Lage sein, den Verbrauch des Bordnetzes während des Ladevorgangs als Netzteil zu bedienen. Besteht in obigem Beispiel ein Bedarf von zehn Ampere aus dem Bordnetz, muss die Kapazität des Ladegerätes entsprechend ausgelegt werden. Ein 20-Ampere-Ladegerät wäre also zu klein. Aus Kapitel 4.1 wissen wir, dass verschiedene Akkutypen verschiedene Ladeendspannungen haben. Diese sollte sich bei dem Ladegerät einstellen lassen. Ein Fachbetrieb wird beim Kauf unter Angabe der verwendeten Akkus diese Einstellung vornehmen.

Wie viele Ausgänge werden benötigt?

Üblicherweise hat eine Yacht mit Einbaumotor mindestens zwei 12-Volt-Stromkreise – den mit der Starterbatterie, die den Diesel startet, und den des Serviceakkus, der die sonstige Bordelektrik versorgt. Während Ersterer oft mit einem nassen Blei-Akku verbunden ist, wird das Bordnetz heutzutage zumeist durch AGM-Batterien versorgt. Da beide Akkus vom gleichen Ladegerät geladen werden sollen, haben diese oft zwei oder mehr Ausgänge. Allerdings sind die Ladeendspannungen der verschiedenen Akkus, wie wir wissen, verschieden. Daher muss pro Ausgang ein anderer Spannungswert programmierbar sein. Zudem gilt es zu bedenken, dass die vorhandene Leistung des Ladegeräts auf die verschiedenen Batteriebanken verteilt wird. Während der Starterakku nach dem Anlegen meist ohnehin ziemlich voll ist – schließlich ist gerade noch die Maschine gelaufen –, sieht das beim Akku für den Bugstrahler durchaus anders aus: nach dem Anlegen ist dieser meist eher leer. Kommt die Yacht von einem längeren Törn oder einem Aufenthalt in der Ankerbucht zurück, werden auch die Serviceakkus leer sein – die verschiedenen Bänke buhlen um Ladestrom. Auch dann muss das Ladegerät dem gewachsen sein, um zu verhindern, dass zu wenig Strom fließt beziehungsweise die Aufladung zu lange dauert. Innerhalb von acht bis zwölf Stunden, also einem üblichen Hafenaufenthalt, sollten die Akkus alle wieder voll sein. Die Mindestleistung berechnet sich so: zehn Prozent Kapazität Akkubank 1 plus zehn Prozent Akkubank 2 plus ... zehn Prozent Akkubank n plus Verbrauch des Bordnetzes während der Ladezeit. Eine andere Möglichkeit ist zwar teurer, aber bietet im Notfall Redundanz: ein Ladegerät pro Batteriebank. So ist die optimale Ladung der Akkubänke unter allen Umständen sichergestellt.

Temperatur und Spannungsabfall

Wie gelesen ist es entscheidend, Batterien optimal zu laden. Was optimal bedeutet, ändert sich jedoch bei modernen Akkus in Abhängigkeit ihrer Temperatur: Ein warmer Akku hat eine niedrigere Gasungsspannung als ein kalter. Daher bieten einige Hersteller von Ladegeräten Temperatursensoren als Zubehör an, die am Akku befestigt werden und so der Elektronik im Ladegerät Auskunft über die Temperatur der Batterie geben. Besagte Elektronik regelt nun, mit welcher (korrigierten) Spannung der Akku idealerweise zu laden ist. Eben so eine Spannungskorrektur gilt es vorzunehmen, wenn der Kabelweg zwischen Lader und Akku lang ist. Wie wir wissen, steigt der Widerstand eines Kabels mit dessen Länge. Entsprechend ist der Spannungsverlust. Misst ein Ladegerät an seinem Ausgang eine Akkuspannung von 14,4 Volt, kann die tatsächliche Spannung am Akku aber durchaus nur 14,2 Volt betragen. Die Differenz entsteht durch den Leitungswiderstand. Nun denkt das Ladegerät, der Akku sei voll da, was tatsächlich jedoch noch lange nicht der Fall ist. Einige Hersteller bieten daher ein Messkabel an, das parallel zum Ladekabel zwischen Akku und Ladegerät verbaut wird und dessen Widerstand genau bekannt ist, sodass die Elektronik des Ladegerätes die Differenz korrigieren kann.

Einige Typische Hersteller für Bordladegeräte mit IUoU-Kennlinien sind:

- Victron (www.transwatt.de)
- Mastervolt (www.mastervolt.de)
- C-Tek (www.ctek.com)
- Philippi (www.philippi-online.de)
- Sterling (www.gotthardt-yacht.de)
- Waeco (www.waeco.de)
- Quick (www.lindeman-kg.de)

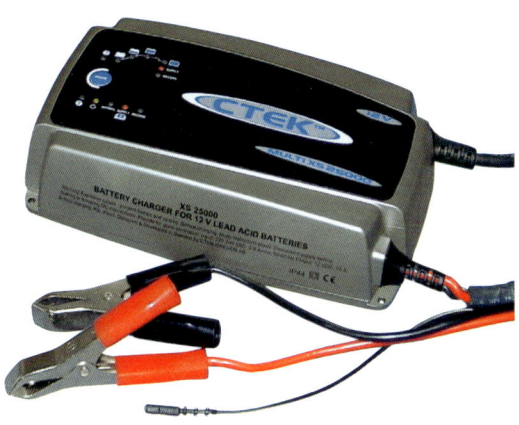

Kompakt und ohne aktiven Lüfter: Ladegerät C-Tek.

Victron-Ladegerät; hier mit 30 Ampere maximalem Ladestrom.

Ladegeräte von Mastervolt.

Philippi-Ladegerät mit LC-Display.

Ladegerät Waeco.

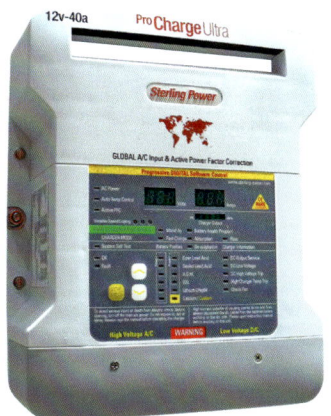

Ladegerät Sterling.

Ladegerät Quick.

▶ Die Ladetechnik muss zum Batterietyp passen.

▶ An Bord sollten Ladegeräte mit einer IUoU-Kennlinie verwendet werden.

▶ Die Größe des Ladegerätes hängt ab von der Größe der Batteriebanken und des Verbrauchs an Bord.

▶ Beim Kauf die Ausgänge auf die richtige Ladeendspannung einstellen lassen.

▶ Temperatursensoren und Spannungsmesskabel schützen die Akkus vor falscher Ladung.

4.3 Lichtmaschine, Regler, Trenndioden und Laderegler

Läuft der Motor, ist genug Strom da. Dafür sorgt die Lichtmaschine. Je nach Motorenhersteller erzeugt sie zwischen 35 und 115 Ampere und ist damit ein kräftiger Energielieferant an Bord. Bei Einbau und Betrieb gilt es allerdings, einige Dinge zu beachten, damit der Strom auch dort ankommt, wo er hingehört: in die Akkus!

Ob die Lichtmaschine funktioniert, erkennt der Skipper bald nach dem Starten des Motors: erlischt die Ladekontrolllampe, liefert die Lichtmaschine Strom. Ob der auch im Akku ankommt, ist eine andere Sache. Voraussetzung dafür ist, dass alle Kabel ordentlich an den Regler angeschlossen sind. Er generiert aus dem Drehstrom der Lichtmaschine an Bord verwendbaren Gleichstrom in der richtigen Spannung. Moderne Lichtmaschinen haben interne Regler, bei älteren sitzt er außerhalb des Gehäuses. Üblicherweise sind die Kabel an einer Lichtmaschine so angeklemmt:

Oben rechts im Bild: eine Lichtmaschine.

Lichtmaschine mit Anschlüssen.

B+ zum Pluspol der Batterie,
D+ Ladekontrollleuchte (auch Vorerregeranschluss),
D– zur Batterie (Minuspol) und Masse,
  Lichtmaschinen mit externem Regler haben zusätzlich noch die Anschlüsse
  DF (Felderregung),
W für den Drehzahlmesser und solche für weitere elektronische Regelvorgänge
  in neueren Fahrzeugen.

Nach dem Starten soll natürlich zunächst der Starterakku wieder voll geladen
werden, damit bei einem erneuten Start wieder eine volle Batterie zur Verfügung steht. Ist das geschehen, kommen die Verbraucherakkus an die Reihe. Dass das alles klappt, ist nicht selbstverständlich. Denn: Erst wenn der
Starterakku voll geladen ist, soll Strom für die Verbrauchbatterien in diese
»überlaufen«. Gleichzeitig muss jedoch verhindert werden, dass Ladung aus
dem Starterakku in die Serviceakkus abfließt, wenn diese bei einem längeren
Seestück oder vor Anker mehr und mehr entladen werden. Schließlich muss
unter allen Umständen genügend Ladung vorhanden sein, damit der Diesel
zuverlässig gestartet werden kann. Es muss also beim Laden Strom von der
Lichtmaschine in den Verbraucherakku fließen können. Beim Entladen des
Verbraucherakkus darf jedoch keine Ladung aus der Starterbatterie entnommen werden. Dies lässt sich manuell über Verteilungsschalter regeln (Starter/
Verbraucher oder Starter plus Verbraucher, also 1/2 oder 1 plus 2), wobei hier

jedoch die Gefahr der Verwechslung oder des Vergessens besteht. Zudem ist die Schaltung 1 plus 2 nur sinnvoll, wenn die Akkus gleich groß sind und vom gleichen Typ, also die gleiche Ladeendspannung aufweisen.

Eine weitere Möglichkeit, das Problem zu lösen, bietet eine Trenndiode. Sie funktioniert wie eine elektronische Rückschlagklappe. Strom kann nur in eine Richtung fließen. Ihr Nachteil ist, dass hinter der Diode die Spannung bis zu 0,7 Volt niedriger ist als davor. Dadurch reicht die Spannung, die die Lichtmaschine abgibt, nicht aus, um den Serviceakku vollständig zu laden. Ein Teil von dessen Kapazität bleibt ungenutzt.

Dieses Problem kennen sogenannte Ladungsverteiler nicht. Sie lösen die Aufgabe auf elektronischem Wege. Ein Spannungsverlust tritt nicht auf. Allerdings sind sie deutlich teurer und stellen die Ladeendspannung zur Verfügung, die die Lichtmaschine abgibt – ungeachtet der für einen Akkutyp benötigten Ladeendspannung. Auch in dieser Konfiguration kann es also sein, dass Batterien mit einer hohen Ladeendspannung, beispielsweise AGM, von der Lichtmaschine nie ganz voll geladen werden. Dafür gibt es zwei Lösungen. Die eine ist, einen sogenannten Hochleistungsregler an die Lichtmaschine zu klemmen. Er bietet höhere Ladespannungen und -ströme. So wird der Akku schneller geladen. Sein Nachteil: Er unterscheidet nicht nach Akkutyp, wenn zwei verschiedenartige Akkubänke verwendet werden, also wie bei vielen Booten die üblichen nassen Bleiakkus zum Starten und AGM für den Servicekreislauf. Wird nun der Hochleistungsregler auf die AGM-Spannung ausgelegt, leidet der Starterakku unter zu hoher Ladespannung. Dazu wird ein spezieller Ladungsverteiler benötigt, der auch die verschiedenen Anforderungen der Akkutypen berücksichtigen kann.

Wahlschalter für eine, zwei, beide oder keine der Batterien.

Trenndiode: günstig, aber nicht ideal. Sie klaut dem Serviceakku wichtige Ladespannung.

Ladungsverteiler: Er kann den Strom nahezu verlustfrei auf die zu ladenden Akkus verteilen.

Die eleganteste Lösung ist der Ladungsumsetzer, auch bekannt als DC-DC-Lader. Er erkennt, wenn im Starterakku mehr als 13 Volt anliegen (der Motor also läuft) und beginnt dann sofort, aus dem Starterakku den Verbraucherakku zu laden, jeweils mit der für den Akkutyp idealen Kennlinie. Da dies nur geschieht, wenn der Motor läuft, wird also der Starterakku zunächst geladen

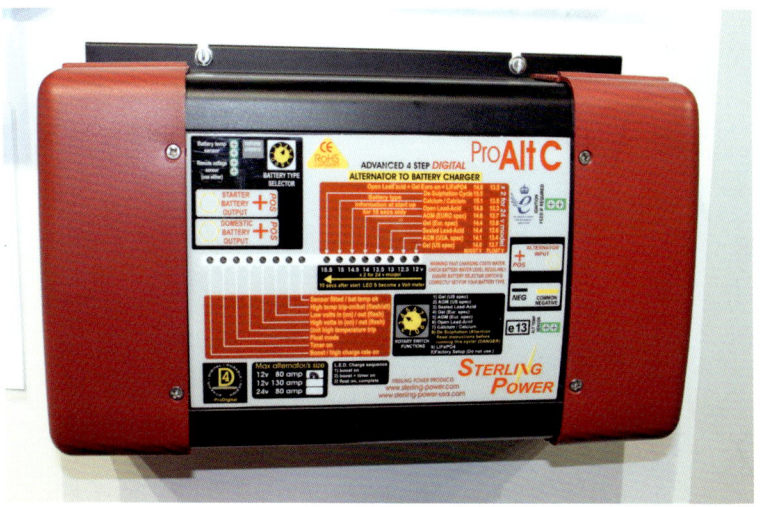

DC-DC-Lader: lädt den Serviceakku aus dem Starterakku, wenn der genug Spannung hat und der Motor also läuft.

und nie durch den DC-DC-Lader leergezogen. Zudem sind die Regler der Lichtmaschinen auf die Ladung der üblicherweise als Starterakku verwendeten nassen Blei-Säure-Batterien ausgelegt. So werden sowohl Starter- als auch Verbraucherakkus ideal und schonend geladen, wenn die Maschine läuft. Ein solches Gerät ist vor allem für Langfahrer sinnvoll, die ihren Energiebedarf zu einem Teil dauerhaft aus der Lichtmaschine decken wollen. Dann muss sichergestellt sein, dass alle Akkus auch wirklich ganz voll geladen werden können.

Für den Wochenendsegler ist es zu verschmerzen, dass ein Ladungsverteiler nur bis zur Gasungsspannung des nassen Starterakkus lädt und so der Verbraucherakku eben nur zu 90 Prozent durch die Lichtmaschine geladen wird. Den Rest erledigt das Landstromladegerät im Hafen oder die Solarzelle beziehungsweise der Windgenerator.

▶ Ob die Lichtmaschine funktioniert, erkennt man am Erlöschen der Ladekontrolllampe nach dem Starten des Motors.

▶ Ob der Regler funktioniert, zeigt der Voltmeter, den viele Schiffe im Instrumentenpaneel des Motors haben (darf nicht unter 12 Volt fallen und nicht über die Ladeendspannung ansteigen, wenn der Motor läuft).

▶ Es gilt, die Ladung der Lichtmaschine sinnvoll auf die Akkubänke zu verteilen.

▶ Die Servicebank darf niemals den Starterakku leersaugen.

▶ Dafür sorgen manuelle Schalter, Trenndioden, Ladeverteiler oder Ladungsumsetzer.

4.4 Solarzellen

Von Langfahrtyachten sind sie kaum mehr wegzudenken. Bei ihrer Verwendung gilt es aber, einiges zu bedenken: Welche Zellentypen gibt es? Worauf ist bei der Installation zu achten? Wo liegen die Stärken und Schwächen der Solarzellen?

Wie immer ist Solarzelle nicht gleich Solarzelle: mono- oder polychristallin, Dünn- oder Dickschicht, fest oder flexibel – welche ist an Bord die richtige Wahl? Das wiederum hängt davon ab, was die Zellen leisten sollen. Über die Woche die Akkus voll halten oder einen echten Beitrag zum Energiemanagement an Bord liefern? Für erstere Aufgabe reicht schon ein kleines Paneel mit 20 Wattpeak (Wp) Leistung, also der im theoretischen Idealfall maximal erreichbaren Leistung. Im Laufe der Zeit, in der das Boot ungenutzt bleibt, vermag es die Akkus zumindest teilweise zu laden und kleine Verbraucher wie etwa eine Wetterbox oder einen GPS-Tracker zu versorgen. Sollen größere Mengen Strom erzeugt werden, braucht es auch größere Paneele. Bei denen wird dann auch der Wirkungsgrad immer entscheidender. Je höher er ist, desto mehr Leistung pro Fläche wird erzeugt. Eine Übersicht über die Zellentypen:

Silizium

Die meisten der heute verwendeten Zellen basieren auf Silizium. Dieses Halbleitermaterial vermag durch spezielle Behandlung im Vorfeld aus Sonnenenergie Strom zu erzeugen. Silizium wird in drei verschiedenen Zellentypen verwendet: in a-Si-Zellen aus amorphem Silizium (derzeit etwa sieben Prozent Wirkungsgrad), in polychristallinen (etwa 16 Prozent) und in monochristallinen (etwa 20 Pro-

Polychristalline Siliziumzelle, zu erkennen an der fleckigen Struktur.

Ideal: monochristalline Zelle mit Stromabnehmer von hinten. Mehr Leistung pro Fläche geht kaum.

zent) Zellen. Von Ersterer zu Letzterer nehmen der Fertigungsaufwand, die Effizienz pro Fläche und leider auch der Preis zu. Siliziumzellen sind immer noch die am weitesten verbreiteten Sonnenstromlieferanten auf Yachten.

Dünnschichtzellen

Genaugenommen werden auch a-Si-Zellen mittels Dünnschichttechnologie hergestellt, gemeint sind hier jedoch Cadmium-Tellurit- (CdTe), Kupfer-Indium-Gallium-Selen-(Cigs), Gallium-Arsenid-(GaAs) oder organische Zellen. Sie sind allesamt noch nicht im großen Maßstab im Einsatz, was sich jedoch in den nächsten Jahren ändern könnte. Ihnen gemein ist die Herstellung mit seltenen, teils nahezu erschöpften (Indium) Materialien und die Eigenschaft, dass

Sehr dünn und daher flexibel, aber vom Wirkungsgrad nicht optimal: CIGS-Zelle.

sie extrem dünn und damit flexibel sind. Segel aus Solarzellen werden damit in Zukunft denkbar. Die meisten Dünnschichtzellen erreichen jedoch nicht die Wirkungsgrade von Silizium.

Wirkungsgrad

In Mitteleuropa strahlen an einem Sonnentag etwa 1000 Watt Sonnenenergie pro Quadratmeter auf die Erde. Doch nicht alles davon vermag ein Solarpaneel in Strom zu verwandeln. Der Prozentsatz an Energie, den das Modul aus der Sonnenenergie in Strom umwandeln kann, nennt man Wirkungsgrad. Ein Wirkungsgrad von 20 Prozent besagt, dass ein ein Quadratmeter großes Modul unter idealen Bedingungen (keine Bewölkung und Abschattung, rechter Winkel zur Sonne, keine Verschmutzung auf dem Modul) maximal 200 Watt (20 Prozent von 1000 Watt Sonneneinstrahlung) erzeugt. Die Angabe auf dem Modul wird lauten: 200 Wattpeak (Wp). Dies ist ein Laborwert. Allerdings ist in ihm bereits der Wirkungsgrad sowie die Größe des Moduls berücksichtigt. Keinesfalls sagt der Wert jedoch etwas über den tatsächlich in der Realität erzielbaren Energieertrag aus dem Modul aus. Ein über lange Jahre hinweg etablierter Wert für den tatsächlichen Ertrag eines Solarpaneels pro Tag in Mitteleuropa ist Wp x 3. Unser Modul würde also 200 Wp x 3 = 600 Wh am Tag liefern. Bei 12 Volt sind das 50 Ampere. Mit einem Quadratmeter Zellenfläche lässt sich also etwa die Hälfte des an Bord einer Fahrtenyacht benötigten Stroms erzeugen. Im Süden kann sogar der Faktor vier angesetzt werden. Dann werden 800 Wh (etwa 67 Ah) pro Tag erzeugt.

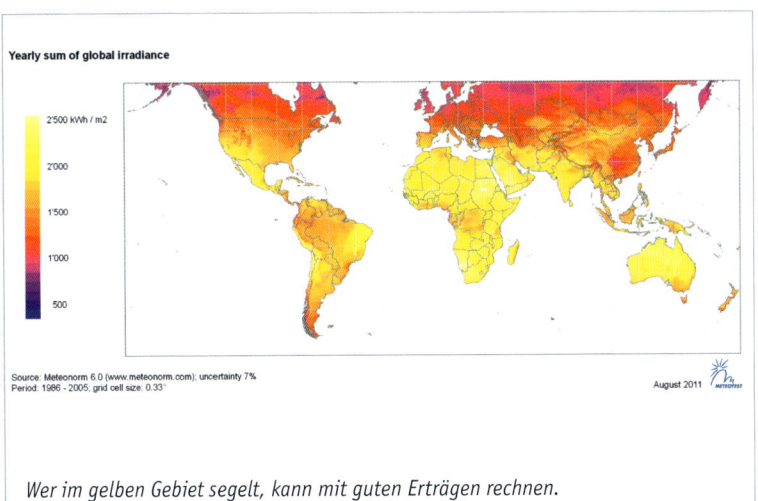

Wer im gelben Gebiet segelt, kann mit guten Erträgen rechnen.

Montageort

Der eine Quadratmeter muss natürlich auch irgendwo an Bord ohne Abschattung durch Baum und Segel untergebracht werden. Der einzig sinnvolle Ort dafür ist auf vielen Yachten ein Geräteträger am Heck, wenn das Modul fest installiert sein soll. Etwas mehr Aufwand bereitet es, die Zellen jeweils abhängig vom Sonnenstand nachzuführen, der Ertrag jedoch steigt.

Ideale Montage: nach der Sonne ausrichtbar und perfekt hinterlüftet.

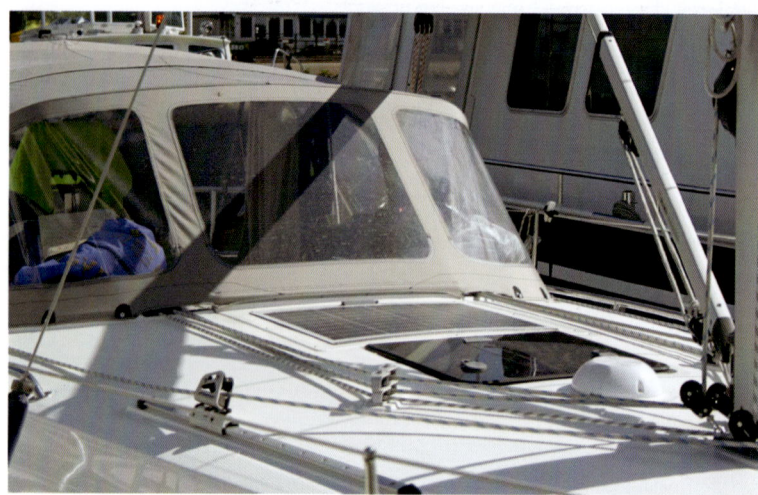

Wenig effizient: Eine derart montierte Zelle wird schnell heiß und ist durch den Baum abgeschattet – die Ausbeute sinkt.

Eine unangenehme Eigenschaft von Solarzellen ist, dass sie an Wirkungsgrad einbüßen, wenn sie zu warm werden. Denn dann bricht, ebenso wie bei einer Abschattung, die Ladespannung ein. Daher muss bei der Montage auf eine ausreichende Hinterlüftung der Module geachtet werden. An einem Heckträger ist das kein Problem, an Deck schon eher. Gleiches gilt für die Abschattung. Auch wenn nur zehn Prozent des Moduls abgedeckt werden, bricht die Ladeleistung fast gänzlich ein. Da helfen dann auch spezielle Regler wenig.

Regler

Klemmte man das Modul gleich an die Batterie an, würde es sie irgendwann überladen. Es gilt also, einen Regler zwischenzuschalten, der die Ladespannung begrenzt, sobald die Batterie voll geladen ist. Es empfiehlt sich, einen sogenannten MPP-Regler zu verwenden. Er nutzt die Tatsache, dass Module Reserven enthalten, um bei einer eventuell auftretenden Abschattung immer noch ausreichende Spannung liefern zu können. Wird die Zelle nicht partiell abgeschattet, so nutzt der MPP-Regler ebendiese Reserven für eine optimierte Ladung. So wird die zur Verfügung stehende Leistung optimal genutzt, die Ausbeute des Moduls steigt durch den optimierten Regler um 20 bis 30 Prozent.

Regler bis vier Ampere: zweimal rein von der Zelle, zweimal raus zur Batterie – fertig.

Für wen sind Solarzellen sinnvoll?

Wer über die Woche vom Landstrom im Hafen weitgehend unabhängig sein möchte und dennoch am Wochenende volle Akkus vorfinden möchte, für den reichen schon kleine Module, etwa auf der Schiebelukgarage oder der Sprayhood, aus. Auch im Urlaub wird sich eine verlängerte Unabhängigkeit vom Landstrom bemerkbar machen. Der Zellenwirkungsgrad ist dann nicht so entscheidend. Anders ist das, wenn die Zellen, etwa auf einer Blauwasseryacht, für die Deckung des Bedarfs aus dem Bordnetz verwendet werden. Dann müssen möglichst große, gut hinterlüftete und abschattungsfrei installierte Zellen mit hohem Wirkungsgrad zum Einsatz kommen. Ein MPP-Regler ist dann ebenfalls Pflicht. Je weiter die Yacht sich in Äquatornähe aufhält, umso sinnvoller werden Solarzellen im Vergleich etwa mit einem Windgenerator.

▶ Verschiedene Zellentypen sind Dünn- und Dickschicht, Mono- und Polychristallin.

▶ Am weitesten verbreitet sind Siliziumzellen.

▶ Der Wattpeak-Wert berücksichtigt den Wirkungsgrad und die Größe.

▶ Die tatsächliche Ausbeute pro Tag ist in Nordeuropa etwa Wp x 3.

▶ Abschattungsfreie und gut hinterlüftete Installation sowie ein guter Regler (MPP) sind entscheidend für die Ausbeute.

4.5 Windgeneratoren

Die Zeiten laut surrender Windräder auf Yachten sind vorbei. Moderne Flügelgeometrien ermöglichen leisen Lauf und hohe Ausbeute. Der Windgenerator gilt als die günstigste regenerative Energiequelle an Bord. Zu Recht?

Wie viel Strom liefert ein Windgenerator? Die Hersteller geben an, bei welcher Windgeschwindigkeit welche Ausbeute zu erwarten ist, z.B. 35 Watt bei zehn Knoten, also drei Beaufort. Nun gibt es Klimadaten, die eine mittlere Windgeschwindigkeit pro Region angeben. Zusammen mit diesen lässt sich nun eine mögliche Ausbeute für das jeweilige Revier ermitteln. Allerdings: Es handelt sich um einen statistischen Wert. So kann durchaus an einem warmen Sommertag, wenn der Kühlschrank läuft, eine völlige Flaute die Rechnung zunichtemachen. In schwachwindigen Revieren ist darauf zu achten, dass der

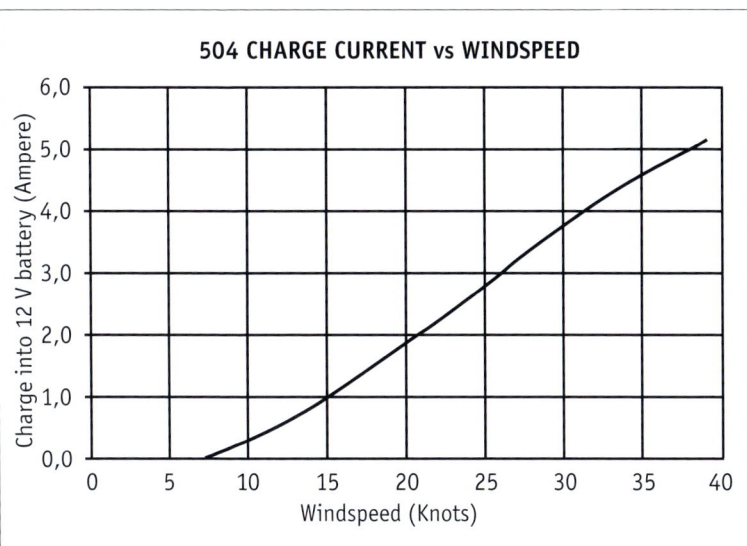

Die Ausbeute reicht bei diesem Modell allenfalls für eine Erhaltungsladung oder auf kleinen Yachten.

Generator schon bei geringen Windstärken Strom liefert. Ebenfalls klar ist, dass ein größerer Generator insgesamt mehr Strom liefern wird. Die Hersteller geben daher gern nur die Maximalleistung des Generators an.

Was bei der Auslegung des Generators zu bedenken bleibt, ist, dass bei einer Yacht in Fahrt der scheinbare Wind als Berechnungsgrundlage zu berücksichtigen ist. Auf Amwindkursen ist das gut, da der scheinbare größer als der wahre Wind ist. Raume- oder Vorwindkurse erzeugen jedoch weniger scheinbaren Wind. Auf den Generator bezogen ist der Unterschied nicht sonderlich groß, aber dennoch zu berücksichtigen – nicht, dass nachher eine Lücke in der Bordnetzversorgung entsteht.

Abschaltung

Wie auch bei Solarzellen, benötigt man zwischen Generator und Akku einen Regler. Er limitiert die maximale Ladespannung, um den Akku vor Schaden zu bewahren. Bei Windgeneratoren bedarf es einer weiteren Funktion: Wird der Wind zu stark, müssen sie gebremst werden. Denn wenn keine Last seitens der zu ladenden Akkus anliegt und der Wind zunimmt, würde die Drehzahl der Generatoren derart ansteigen, dass sie sich selbst zerstören – bis hin zu umherfliegenden Rotorblättern. Daher haben die meisten Regler Widerstände eingebaut, die dem Generator eine Last vorgaukeln und die Rotation bremsen. Beim Kauf sollte unbedingt darauf geachtet werden, dass der Regler diese Funktion besitzt. Manuelle Stoppschalter, die den Rotor festsetzen, dienen der zusätzlichen Sicherheit. Mit ihnen kann der Rotor gestoppt werden, ohne ihn zu berühren – etwa im Hafen oder um Arbeiten an ihm durchzuführen. Der Stoppschalter wird zwischen Generator und Regler geklemmt.

Montage

Je höher, desto besser, ist die einfache Devise. Denn erstens ist weiter oben üblicherweise der Wind stärker und zweitens gelangen die Rotorblätter so aus dem Zugriffsbereich der Crew. Die Blattspitzen erreichen enorm hohe Geschwindigkeiten und sind mitunter messerscharf. Die Unterseite der Blätter sollte sich etwa 2,50 Meter über Decksniveau befinden. Viele Einmaster verwenden daher einen separaten Generatormast am Heck. Bei Zweimastern eignet sich auch der Besanmast als Installationsort.

Im Masttop verbaute Generatoren wären von der Ausbeute her ideal, allerdings erhöhen sie das Topgewicht erheblich und sind daher eher die Ausnahme. Weiterhin sollte bei der Installation darauf geachtet werden, dass der Generatormast durch Gummi vom Bootskörper isoliert ist. So werden Vibrationen nicht auf das Schiff übertragen.

Weit oben: Im Mast stört der Generator am Wenigsten. Wie hier geht das jedoch nur auf Zweimastern.

Auf dem Geräteträger achtern stört der Windgenerator ebenfalls kaum.

Blattdesign

Einige Hersteller haben das Aussehen ihrer Blätter überarbeitet, um den Geräuschpegel zu reduzieren. Kleine Finnen auf den Blättern oder generell eine andere Geometrie sollen den Lauf leiser machen. Bei vielen Generatoren lohnt ein Austausch, da oft auch die Stromausbeute mit den neuen Blättern steigt. Wichtig beim Austausch: Die Befestigung der Flügel an der Nabe sehr sorgfältig durchführen lose Teile bedeuten Lebensgefahr!

Eine Alternative zu den bekannten Generatoren mit horizontaler Nabe ist der Leading Edge. Er verfügt über eine vertikale Nabe und arbeitet wegen geringerer Umdrehungszahlen nahezu geräuschlos. Allerdings ist seine Ausbeute eher niedrig.

Vertikalgenerator: Der Windeinfallswinkel ist egal, die Blattgeschwindigkeiten sind gering – leider ebenso die Ausbeute.

Für wen ist ein Windgenerator sinnvoll?

Solarzellen und Windgeneratoren ergänzen sich prima: Weht kein Wind, scheint oft die Sonne und umgekehrt. Daher sind an vielen Blauwasseryachten auch beide Energiequellen zu finden. Für viele ist der »Quirl« jedoch immer noch ein rotes Tuch: Eine geräuschvolle und daher schlaflose Nacht neben einem Rotor alter Bauart lässt sicher einige Zweifel an der Art der Energiegewinnung aufkommen. Doch das war gestern. Moderne Windgeneratoren bieten viel Strom fürs Geld – und in Nordeuropa gibt es, zumindest gefühlt, mehr Wind als Sonne.

▶ Windgeneratoren liefern viel Strom fürs Geld.

▶ Die mögliche Ausbeute richtet sich nach den Angaben »Strom pro Windstärke« und »mittlere Windstärke pro Region«.

▶ Ein Regler muss und ein Stoppschalter sollte installiert werden.

▶ Bei der Montage gilt: Höher ist besser.

▶ Stets darauf achten, dass die Rotorblätter gut befestigt sind! Lose Blätter bedeuten Lebensgefahr!

4.6 Andere Energiequellen

Neben Sonne, Wind und Lichtmaschine gibt es eine Reihe weiterer Möglichkeiten, unabhängig von Landstrom die Akkus zu füllen. Brennstoffzellen etwa oder Generatoren. Die können unter Segeln durch Wasserkraft oder fossile Brennstoffe befeuert werden. Ein Überblick.

Abgesehen von Solar- und Brennstoffzelle, die sich anderer Prozesse bedienen, ist die Stromerzeugung bei allen Quellen dem Wesen nach gleich. In einem Dynamo wird aus Bewegungsenergie Strom. Das ist bei der Lichtmaschine so, die ihre Energie mittels Keilriemen aus dem Motor bekommt, das ist beim Windgenerator der Fall und ebenso bei Hydro- und Dieselgeneratoren, die ihre Kraft aus dem vorbeiströmenden Wasser oder, wie die Lichtmaschine, aus einem Motor schöpfen. Doch welches System vermag wie viel zu leisten? Und wie hoch sind die Kosten?

Hydrogeneratoren

Das Wirkprinzip der durch Wasserkraft betriebenen Stromerzeuger ist denkbar simpel: Befindet sich das Segelboot in Fahrt unter Segeln, wird über einen Propeller die Bewegungsenergie des vorbeiströmenden Wassers mittels eines Dynamos in Strom verwandelt. Dabei gilt es zum einen, schon bei möglichst wenig Fahrt mit der Energiesammlung anfangen zu können, und andererseits die Fahrt dabei in nur geringem Maße zu verlangsamen. Es gibt drei Systeme dazu: über die Antriebswelle des Motors als sogenannter Wellengenerator, im Schlepp achteraus (Ampair) oder am Spiegel montiert (Watt&Sea).

Wellengeneratoren

Dieses System stellt eine Besonderheit dar, weil es bereits vorhandene Bauteile (Propeller, Welle, Lagerung) nutzt. Allerdings bedarf es dazu einiger Voraussetzungen: Die Yacht muss über einen Wellenantrieb mit einem festen Propeller verfügen, Saildrives und Klapp- oder Faltpropeller funktionieren nicht. Des Weiteren muss das Getriebe dazu geeignet sein, bei abgestelltem Dieselmotor permanent zu drehen. Nicht alle Getriebe sind dafür ausgelegt. Der Hersteller wird jedoch Auskunft darüber geben können. Zuletzt muss zwischen

Am Getriebe installierter Wellengenerator.

Stevenrohr und Flexkupplung ausreichend Bauraum vorhanden sein, um die Riemenscheibe zu montieren.

Zudem muss bedacht werden, dass der Generator, auch wenn die Maschine läuft, Strom erzeugt. Das ist dann jedoch gar nicht erforderlich beziehungsweise sogar schädlich, da ja die Lichtmaschine diese Aufgabe schon erfüllt. Einige Systeme sind daher schaltbar. Ihre Leistung kann begrenzt werden. Das ist auch sinnvoll, um bei leichten Winden nicht zu viel Fahrt aus dem Schiff zu nehmen. Wellengeneratoren eignen sich für Schiffe ab etwa neun Metern Länge, da sie einen Propellerdurchmesser von mindestens 14 und idealerweise 16 Zoll benötigen, und liefern ab etwa 3,5 bis vier Knoten Fahrt Strom. Bei sechs Knoten sind es je nach Modell und Einbausituation bis zu zwölf Ampere in der Stunde. Bedenkt man seine Kosten von rund 600 Euro, ist der Wellengenerator eine günstige Stromquelle, die allerdings bis zu einem Knoten Bootsspeed kostet. Einige Tipps für den Einbau:

▶ Wird die gesamte Einheit direkt am Getriebe verschraubt, vollzieht sie die gleichen Bewegungen wie der Antriebsstrang und damit seine Riemenscheibe. So verschleißt der Keilriemen weniger.

▶ Da zum Keilriemenwechsel die Welle aus dem Getriebe entnommen werden muss, empfiehlt es sich, gleich zwei weitere Riemen über die Welle zu schieben und diese berührungsfrei zu fixieren. So ist ein erneuter Tausch eine Sache von wenigen Minuten.

Ampair

Die Firma bietet zwei verschiedene Systeme an, den Aquair UW und den Aquair 100. Ersterer ist ein an einer Stange versenkbarer Pod, eine Art Gondel, an der an einer Seite ein Propeller befestigt ist. Er wird wie ein Außenborder einfach bei Bedarf mit dem Propeller in Fahrtrichtung abgesenkt. Ideal geht das, wenn das Schiff über eine Badeplattform verfügt. Der UW erzeugt als Daumenwert ein Ampere pro Knoten Fahrt. Die Kosten von 1400 Euro für das Gerät mit den Halterungen liegen daher, auch pro gelieferter Kilowattstunde, eher hoch. Allerdings kann der UW bei Nichtgebrauch aus dem Wasser gehoben werden, was den Widerstand, etwa bei wenig Wind und vollen Akkus, reduziert.

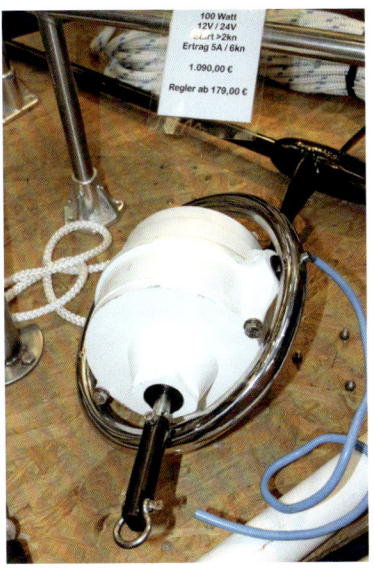

Am Heckkorb montiert, kommt an den Schäkel eine Leine mit Propeller, die den Generator im Gehäuse antreibt: der Ampair Aquair 100.

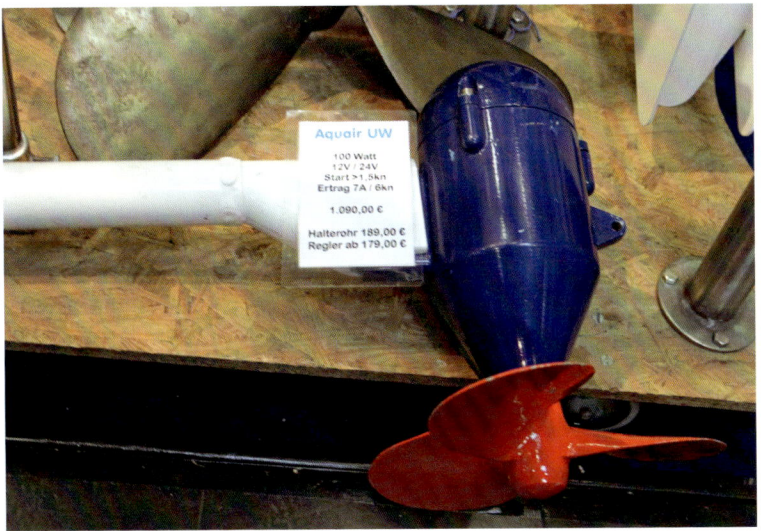

Aquair: Unter Wasser erzeugt er etwa sieben Ampere bei sechs Knoten Fahrt. Umgebaut fungiert er ebenso als Windgenerator.

Das andere Modell von Ampair ist der Aquair 100. An einer langen Leine wird ein Propeller achteraus geschleppt. Die Drehbewegung des Propellers – von Ampair »Turbine« genannt – wird durch die Leine auf einen Generator übertragen, der den Strom erzeugt. So liefert der Aquair bei sechs Knoten Fahrt rund fünf Ampere Leistung – nicht eben viel. Außerdem ist die Turbine mit etwas über 200 Euro teuer. Nutzer berichten, dass er häufiger von Raubfischen attackiert wird, die das Verbindungsseil durchbeißen. Dann geht die teure Turbine auf Tiefe. Der Clou des Aquair ist ein anderer; sein Name verrät es: Mit einem Umbausatz kann er auch als Windgenerator genutzt werden. So liefert das Gerät sowohl auf See als auch vor Anker Strom. Das macht den Aquair einzigartig. Damit das möglich ist, werden jedoch rund 1800 Euro fällig. Viel Geld für wenig Strom.

Watt&Sea

Die neue Erfindung aus Frankreich ist der letzte Schrei unter den dortigen Offshore-Rennseglern. Kaum Geschwindigkeitsverlust und enorme Stromausbeute sind die Argumente. Das Gerät gibt es in einer Cruisingvariante aus Aluminium und einer Raceversion aus Kohlefaser. Schon bei drei Knoten liefert die Cruisingvariante etwa vier bis fünf Ampere, bei fünf Knoten sind es schon zehn. Das ist enorm viel. Enorm ist allerdings auch der Preis: Rund 5000 Euro kostet der Cruising-Watt&Sea. Allerdings ist auch er bei Nichtgebrauch aufholbar. Die Rennversion liefert erst ab höheren Geschwindigkeiten Strom. Da sich die Propellersteigung an den Ladezustand der Akkus anpasst und das Gerät auch sonst deutlich aufwendiger ist, kostet es gar 16 200 Euro. Für eine Fahrtenyacht wird jedoch, wenn überhaupt, wohl eher die günstigere Version infrage kommen.

Das Ganze in modern: der Watt&Sea. Viel Leistung schon bei geringer Fahrt, aber teuer.

Diesel- oder Benzingeneratoren

Egal, welcher Kraftstoff zum Antrieb verwendet wird: es läuft ein Verbrennungsmotor, und der erzeugt nun einmal Lärm. Dem begegnen die Hersteller mit einer teils aufwendigen Schalldämmung der Generatoren. Während Benzin-Stromerzeuger zumeist luftgekühlt und auch portabel sind, werden Dieselgeneratoren in der Regel, schon wegen des höheren Gewichts der in den Generatoren deutlich leistungsstärkeren Dieselmotoren, fest eingebaut. Um ständiges Kühlwasserplätschern aus dem Auspuff zu vermeiden, werden Wasser und Abgase oft unterhalb der Wasserlinie ausgestoßen.

Dieselgeneratoren

Dieselgeneratoren beginnen bei einer Nennleistung von etwa 4000 Watt. Es gibt sie für Nennspannungen von 12, 24, 110, 230 und sogar 400 Volt (sehr große Modelle) und in fast beliebiger Größe. Für die Verwendung an Bord wichtiger als die Nenn- ist die Dauerleistung. Bei einem Vier-kW-Gerät sind das üblicherweise rund 3200 Watt. Bei einer 12-Volt-Anlage bedeutet dies, dass etwa 260 Ampere Ladestrom für die Akkus zur Verfügung stehen. Damit AGM-Akkus, die mit etwa 30 Prozent ihrer Nennkapazität geladen werden sollten, diese Leistung aufnehmen können, braucht es eine Batteriebank von rund 800 Amperestunden. Das ist selbst für eine bestens ausgerüstete Fahrtenyacht ein hoher Wert –allerdings wären die Akkus schon nach etwa zwei bis drei Stunden Generatorlaufzeit wieder voll. Die restliche Zeit des Tages würde ein ausschließlich zum Batterie laden verwendeter Generator ungenutzt vor sich hin oxidieren.

Ein so teures Gerät muss also auch anderweitig genutzt werden. Und hier kommt der Generator zu seinem Recht: Eine konsequent auf die Verwendung eines Generators ausgerichtete Fahrtenyacht benötigt nur einen Energieträger an Bord: Diesel. Läuft der Generator, stehen also 230 Volt bereit, kann elektrisch gekocht werden, die Akkus werden über das normale Landstromladegerät geladen, der Bord-PC funktioniert, ja sogar elektrisches Heizen, eine Klimaanlage, der Betrieb einer Waschmaschine oder die Warmwassererzeugung ist möglich. Andere Energieträger wie Benzin, Gas oder Ethanol (Brennstoffzelle) sind nicht mehr erforderlich. Und Diesel ist weltweit verfügbar.

Ein weiterer Punkt, den es beim Dieselgenerator zu bedenken gilt, ist der Einbauort. Ist der Motorraum ausreichend groß? Wo sonst könnte er installiert werden? Ist der Abstand zu den Schlafräumen groß genug, um nicht durch die Betriebsgeräusche gestört zu werden? Und schließlich: Sollte der Generator aus dem gleichen Tank wie der Dieselmotor versorgt werden? Was, wenn der

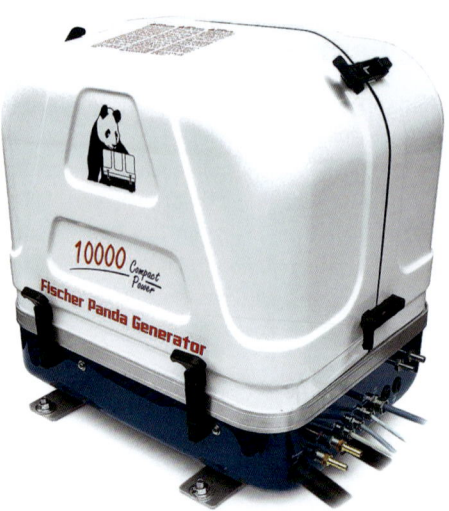

Voll gekapselter Fischer Panda-Generator.

Stromerzeuger der Hauptmaschine nach und nach unbemerkt den Kraftstoff raubt? Die Anschaffung eines viele Tausend Euro teuren Dieselgenerators will also gut durchdacht sein. Das wissen die Hersteller. Daher haben sie ein Netz von Einbaustationen mit zumeist gut geschultem Personal, das bei Auslegung und Installation hilft.

Benzingeneratoren

Im Baumarkt gibt es nicht schallisolierte Stromerzeuger schon für wenig mehr als 100 Euro. Sie sind etwa so laut wie ein Rasenmäher – kaum jemand, der solch einen Krachmacher beim Nachbarlieger auf dem Achterdeck haben will. Auch in der Ankerbucht möchte man wohl kaum die Stille durch solch ein Gerät stören. Für die Verwendung an Bord geeignet sind daher eher gekapselte Geräte. Sie kosten einige Hundert Euro und liefern 0,7 bis drei Kilowatt Leistung. Die größeren Modelle regeln ihre Drehzahl je nach Last und sind dadurch im Teillastbereich deutlich leiser.

Ein solcher Benzingenerator ist für eine Fahrtenyacht sicher kein adäquater Stromerzeuger, da der Dauerbetrieb eher unkomfortabel ist. Der interne Tank hält nur ein bis zwei Stunden, und ein fester Einbau unter Deck ist ebenfalls nicht vorgesehen. Wer allerdings gelegentlich mal eine Nacht länger vor Anker oder an einem einsamen Liegeplatz bleiben oder elektrische Geräte wie etwa ein Schleifgerät am Ankerplatz nutzen möchte, für den ist ein Benzingenerator sicher eine günstige Alternative. Allerdings bedeutet es, dass der

Einer von vielen kompakten Benzingeneratoren am Markt.
Sie sind leise und verbrauchen wenig.

Kraftstoff an Bord sein muss. Benzindämpfe sind jedoch leicht entzündlich und gefährlicher als Diesel – allerdings werden viele ohnehin einen Kanister für den Außenbordmotor des Beibootes an Bord haben.

Brennstoffzellen

Sie sind mit den Solarzellen die einzige Energiequelle, die nicht auf einem Dynamo als Stromerzeuger basieren. Die Brennstoffzelle wandelt Wasserstoff und Sauerstoff in Wasser und Energie um – und das völlig geräuschlos und ohne schädliche Abgase. Soweit die Theorie. Wasserstoff ist jedoch extrem explosionsgefährlich (Knallgas) und liegt bei Raumtemperatur nur gasförmig vor. Das macht die Lagerung an Bord schwierig. Also behelfen sich die Hersteller eines Tricks: Sie verwenden Stoffe, die flüssig sind (Ethanol) oder ohnehin an Bord vorkommen (Propan-/Butan-Gas) und in denen hohe Wasserstoffkonzentrationen vorhanden sind. Diese wandeln sie so um, dass sie für die Zelle verwendbar werden. Übrig bleiben kleine Mengen von Kohlendioxid (CO), Wasserdampf und eben Strom. Wird die Abluft nach außen geführt, ist der Einsatz in der Backskiste problemlos. Allerdings sind die Zellen meist in einer Achse krängungsempfindlich, sodass auf die richtige Einbaulage geachtet werden muss. Die Elektronik der Zellen regelt, abhängig vom Ladezustand der Akkus, wann die Zellen aktiv sind und Strom liefern, und wann nicht. Außer der Zufuhr von Energieträgern braucht sich der Nutzer nicht um die Geräte zu

Efoy-Brennstoffzelle mit Methanol-Kanister.

kümmern. Derzeit am Markt befindlich sind lediglich die Zellen der Firma EFOY. Ab dem Frühjahr 2013 soll es auch Brennstoffzellen für den Bordgebrauch von der Firma Enymotion geben. Die EFOY-Zellen verwenden Ethanol. Es ist bei Einatmen leicht und bei Berührung sehr giftig. Daher liefert das Unternehmen den Energieträger nur in speziellen Kanistern aus, die den Kontakt mit Menschen nahezu unmöglich machen. Die Versorgung mit Ethanol ist noch nicht weltweit gesichert, sodass auf längeren Törns ausreichende Vorräte vorhanden sein müssen. Die größte derzeit von EFOY angebotene Brennstoffzelle (EFOY Comfort 210) kostet 5500 Euro. Sie liefert am Tag 210 Amperestunden Strom – genug, um eine durchschnittliche Fahrtenyacht zu versorgen. Das könnte wohl auch schon die EFOY 80, die analog 80 Amperestunden liefert. Sie kostet 2600 Euro. Nicht zu unterschätzen sind jedoch die Betriebskosten: Fünf Liter Ethanol kosten derzeit 25 Euro, zehn Liter 37,50 Euro. Der Verbrauch ist bei allen gleich: 0,9 Liter Ethanol pro Kilowattstunde. Das sind etwa 100 Amperestunden. Da das in etwa der Tagesbedarf einer Fahrtenyacht ist, ist ein kleiner Kanister nach fünf Tagen lenz.

Die Zelle von Enymotion verwendet Propan- oder Butan-Gas als Energieträger. Das bislang einzige Modell liefert 200 Watt, bei 12 Volt sind das am Tag 400 Amperestunden. Recht viel für eine Fahrtenyacht – die Zelle wird nur zum Teil ausgelastet sein –, andererseits zu wenig für den Betrieb von Elektroherd oder Klimaanlage. Die Zelle soll etwa 7500 Euro kosten (Stand März 2012). Die Verfügbarkeit des Energieträgers ist deutlich besser als bei Ethanol. Viele Boote kochen ohnehin mit Gas, und eine gut gewartete Anlage stellt keine Gefahr dar. Allerdings ist das weit verbreitete Campinggaz auch sehr teuer, da

Wettbewerb: Die Zelle von Enymotion wird mit Gas betrieben.

es an einem Pfandsystem für die Flaschen fehlt. Und für die Energieversorgung schon nach wenigen Tagen ständig neue Einweg-Gasflaschen zu kaufen, erscheint wenig sinnvoll.

Dennoch: Weil sie sehr leise und unkompliziert ist, sollte bei der Auslegung des Bordnetzes zumindest intensiv über die Verwendung einer Brennstoffzelle nachgedacht werden. Im Vergleich ist die Brennstoffzelle jedoch nicht wesentlich umweltfreundlicher als ein Diesel- oder Benzingenerator.

▶ Außer Solar- und Brennstoffzelle basieren alle Energieerzeuger auf dem Prinzip des Dynamos: Bewegungsenergie wird in elektrische Energie umgewandelt.

▶ Wellengeneratoren brauchen spezielle Voraussetzungen, um zu funktionieren.

▶ Hydrogeneratoren sind leicht zu montieren, liefern in Fahrt viel Strom.

▶ Dieselgeneratoren liefern dauerhaft viel Strom, Benzingeneratoren sind eher eine kurzfristige Lösung.

▶ Bei der Auslegung des Bordnetzes sollte eine Brennstoffzelle in Betracht gezogen werden.

5.1 Das 230-Volt-Bordnetz

Kaum ein Fahrtenboot, und sei es nur ein Kleinkreuzer, das nicht im Hafen ankommt und irgendwann die fünfte Landleine legt: das Stromkabel. An Bord versorgt es das Ladegerät für die Akkus oder schlicht das für Handy, Laptop oder iPad. Doch auch kühlen, heizen, Kaffee oder Wasser kochen und manchmal sogar föhnen geht über den Landstrom. Ein deutlicher Komfortgewinn also, wenn alles passt.

Genau wie die Hafenanlagen selbst, sind auch die Elektroinstallationen in vielen Marinas freundlich gesagt »gewachsene Strukturen«. Über die Jahre wurden sie Stück für Stück erweitert, ohne die Basis entsprechend auszubauen. Während früher vereinzelt Strom an den Stegen zu bekommen war, findet sich heute oft an jedem Liegeplatz eine Steckdose. Allerdings ist nicht jede einzeln mit den an Land üblichen 16 Ampere abgesichert (16 Ampere bei 230 Volt bedeuten eine maximale Leistung von 16 x 230 = 3680 Watt).

Steckdosen mit Sicherungen im Yachthafen. Kein Strom an Bord? Erst hier die Sicherung prüfen.

Heizlüfter: Das Typenschild gibt Auskunft über die Leistungsaufnahme. Reicht dafür der Stromkreis im Hafen?

Oft hängen an einer Sicherung vier oder mehr Dosen. Somit steht an ihnen mitunter »max. 4 Ampere« oder »max 900 Watt«. Es gilt also bei der Verwendung darauf zu achten, dass nicht zu viel Leistung entnommen wird. Die Angaben für die Leistungsaufnahmen stehen auf den Geräten. Überschreitet einer der Nutzer den Wert, fliegt noch nicht gleich die Sicherung raus. Denkt allerdings jeder, der andere sei sicher sparsamer, kann schnell das Licht ausgehen – im Zweifel also absprechen.

Wie viel Strom wird entnommen?

Wie erwähnt, stehen die Leistungen auf den Geräten. Ein Wasserkocher hat zwischen 1500 und 2500 Watt, ein Heizlüfter ist oft auf verschiedene Stufen von 450 bis 1500 Watt regelbar, ein Föhn zieht locker 2000 Watt, das Bordladegerät benötigt je nach Größe 100 bis 500 Watt.

Fast zu vernachlässigen sind Ladegeräte für Handy und Laptop sowie der Kühlschrank. Einige Kühlboxen schalten automatisch von 12- auf 230-Volt-Versorgung um, sobald Landstrom zur Verfügung steht. Das schont die Akkus und beschleunigt den Ladevorgang derselben. Um also eine ganze Reihe von Geräten zu betreiben oder gar um elektrisch an Bord zu kochen, muss ein entsprechend abgesicherter Landstromanschluss zur Verfügung stehen. Es gilt, im Zweifel beim Hafenmeister die Absicherung zu erfragen.

Typische Auslegung

Das Landstromsystem beginnt mit dem richtigen Kabel. Etwa 25 Meter lang sollte es sein, entsprechende Querschnitte besitzen (mindestens drei × 1,5 mm , besser drei × 2,5 mm) und einen CEE-Stecker und eine Kupplung haben. Möglichkeiten, die Übergabe des Stroms an Bord zu ermöglichen, gibt es viele. Gebräuchlich sind Schraubverschlüsse oder CEE-Dosen. Wichtig ist, dass zu keiner Zeit die Gefahr besteht, dass stromführende Teile berührt werden könnten. Idealerweise wird daher zuerst das Kabel an Bord eingesteckt, bevor es an Land in die Dose geführt wird, da dann nicht mir der Steckerseite für das Boot hantiert wird, während sie bereits Strom führt. Gleich hinter der Übergabestelle an Bord sollte ein Sicherungskasten folgen.

In ihm sind der 16-Ampere-Sicherungsautomat sowie der FI-Schalter verbaut. Ersterer trennt den Stromkreis, wenn zu viel Strom fließt. Der FI-Schalter trennt, wenn ein sogenannter Fehlerstrom fließt, etwa wenn ein Mensch versehentlich ein stromführendes Teil berührt. Damit der FI-Schalter funktioniert und damit seine Schutzfunktion gewährleistet ist, muss die Erdleitung (gelb-grün) durchgängig angeschlossen sein – also an allen Verbrauchern, sofern möglich, und an allen Steckdosen an Bord. Hinter dem Sicherungskasten verteilt sich das Bordnetz auf die verschiedenen Verbraucher. Bordladegerät

Diverse Adapter für verschiedene Landstromanschlüsse.

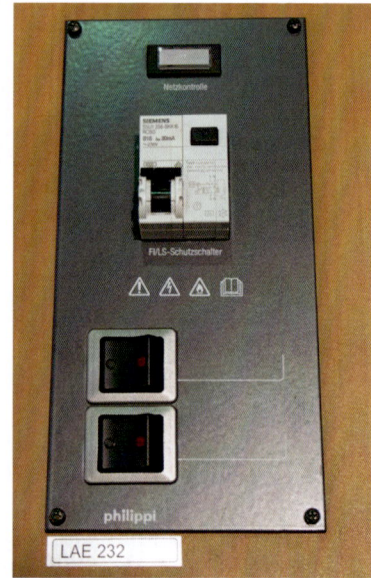

Schutz an Bord: Landstromsicherung mit FI-Schalter.

und Kühlschrank sind häufig dauerhaft angeschlossen, ebenso die diversen Steckdosen an Bord. Eine Lampe, die zeigt, ob Strom zur Verfügung steht, ist ebenfalls sinnvoll.

Galvanischer Isolator und Trenntrafo

Über den für die Sicherheit so wichtigen Erdungsleiter oder Schutzkontakt (gelb-grün) kann es bei angeschlossenem Landstrom zu galvanischen Strömen kommen. Dies ist insbesondere dann möglich, wenn der Hafen unter Wasser über viele Metallteile verfügt. Dadurch wird eventuell ein Stromkreis zwischen Antriebsteilen, die an Bord mit dem Landanschluss verbunden sind – etwa das Ladegerät – und durch das Salzwasser – leitend mit etwa einer Spundwand verbunden –, geschlossen. Diese Ströme können elektrisch kontaktierte Bauteile an Bord unter Wasser angreifen – beispielsweise Elemente der Antriebsanlage – und zu hohem Verschleiß an den Zinkanoden führen. Wer dies vermeiden und damit den Verschleiß an Zinkanoden reduzieren möchte, der kann in den Schutzkontakt einen galvanischen Isolator oder einen Trenntrafo einbauen. Letztere entkoppeln das Bordnetz galvanisch vom Netz an Land. Kleine galvanische Ströme können nun nicht mehr fließen, größere Fehlerströme führen jedoch nach wie vor zum Auslösen des FI-Schalters, sodass der Schutz, den er bietet, weiterhin gewährleistet ist. Beide Systeme sind für diesen Zweck geeignet, in Deutschland zugelassen war über lange Zeit jedoch nur der deutlich teurere Trenntrafo. Mittlerweile sind beide Möglichkeiten verwendbar.

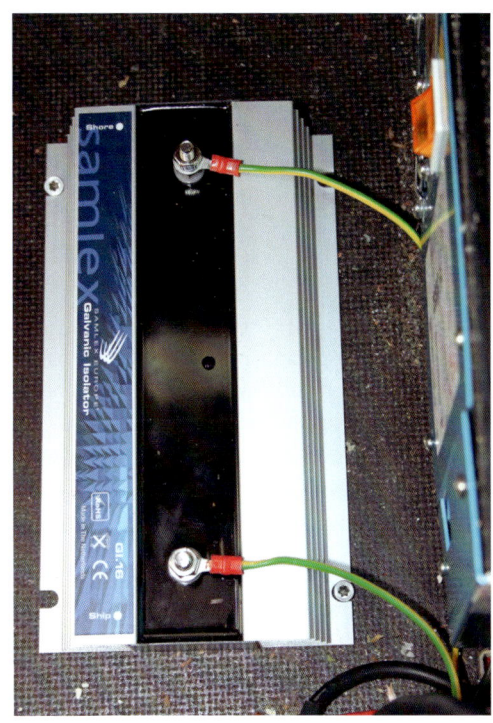

Eingebaut nimmt der galvanische Isolator kaum Platz weg.

Kein Strom da?

Sind alle Kabel eingesteckt, die Sicherung und der FI stehen auf »I« und nicht auf »0« und es fließt dennoch kein Strom, führt der erste Weg zum Stromkasten an Land. In vielen Häfen muss für Strom extra gezahlt werden. Eine spezielle Karte oder ein Schlüssel (beim Hafenmeister) sind erforderlich – oder einfach nur Kleingeld. Dieses muss man einwerfen und den Knopf neben der Steckdose drücken, in der das eigene Kabel steckt. Meist leuchtet dann ein Lämpchen auf und es steht Strom zur Verfügung. Ist das nicht der Fall, gilt es, die Sicherung am Stromkasten zu überprüfen. Oft wollen die Hafenmeister hierbei hinzugezogen werden. Ist der Chef allerdings schon im Feierabend, einfach einen anderen Stecker probieren oder bei den Sicherungen nachschauen, ob eine auf »0« steht. Lässt sie sich wieder umlegen, ohne gleich zurückzuspringen, ist alles in Ordnung. Löst die Sicherung jedoch gleich wieder aus, so ist dieser Stromkreis nicht zu verwenden. Oft lösen Sicherungen im Hafen aus, weil mitunter abenteuerliche Verlängerungen bei feuchtem Wetter zu Kurzschlüssen führen. Kabeltrommeln (immer ganz abwickeln!) etwa sind kaum vor Feuchtigkeit zu schützen; ebenso normale Schutzkontaktstecker, wie man sie von zu Hause kennt. Eindeutig im Vorteil sind hier die besagten CEE-Stecker. Sie sind recht gut vor Feuchtigkeit geschützt. Muss doch mal ein haushaltsüblicher Stecker in einer Verlängerung verwendet werden, gilt es, diesen zu schützen. Im Notfall helfen eine Mülltüte und etwas Klebeband, besser geht es mit einer Steckerbox.

Spannungen?

Der Vollständigkeit halber sei erwähnt, dass es in anderen Teilen der Erde andere Spannungen im Landnetz gibt. Die USA beispielsweise setzen auf 110 statt auf 230 Volt und auf eine Frequenz von 60 statt 50 Herz wie in Europa. Es gibt hierfür zwei Lösungen: zum einen kann das Bordnetz über den bordeigenen Umformer aus den Akkus mit 230 Volt versorgt werden. Das setzt allerdings voraus, dass das Akkuladegerät ausreichend groß ist und die andere Spannung nutzen kann. Außerdem kann nur so viel Strom entnommen werden, wie der Umformer bereitstellen kann. Die andere Möglichkeit besteht darin, einen 110- auf 230-Volt-Umformer vor das Bordnetz zu schalten. Diese Geräte kosten je nach Leistung 100 bis 400 Euro. Unbedingt ist darauf zu achten, dass der Schutzkontakt durchgeschaltet wird, um die Wirksamkeit des FI-Schalters nicht zu beeinträchtigen.

▶ Arbeiten an 230-Volt-Installationen nur vom Fachmann ausführen lassen! Lebensgefahr!

▶ Bei der Verwendung von 230-Volt-Geräten an Bord darauf achten, dass landstromseitig genügend Leistung zur Verfügung steht. Die Leistungsaufnahme der Geräte ist auf ihnen angegeben.

▶ Bei der Auslegung des Bordnetzes auf Vorhandensein von Sicherungsautomat und FI-Schalter achten. Sie schützen Boot und Menschen.

▶ Galvanische Isolatoren oder Trenntrafos schützen vor Schäden durch galvanische Korrosion.

▶ Ist kein Strom an Bord, liegt der Fehler oft in der Stromsäule im Hafen. Überprüfen von Sicherungen dort nur mit Zustimmung des Hafenmeisters!

5.2 Relaisschaltungen und Bussysteme

Moderne Yachten werden immer komplexer. Die Vielzahl elektrischer Geräte an Bord führt dazu, dass immer mehr Kabel verlegt werden müssen – das macht Schiffe schwer und teuer und die Installation unübersichtlich. Die Lösung sind Bussysteme. Sie trennen den Stromfluss von der digitalen Information, welcher Verbraucher an- oder auszuschalten ist. Nicht zu verwechseln ist dies mit Relaisschaltungen, die vom Prinzip her jedoch ähnlich funktionieren

Die Idee ist gut: Anstatt vom Schaltpaneel in der Navi-Ecke zig Kabel zu jedem Verbraucher etwa ins Vorschiff zu legen, wird nur ein dickeres Stromkabel dorthin verlegt und ein dünnes Datenkabel, das die Schaltbefehle vom Paneel weitergibt. Im Vorschiff befindet sich dann eine elektronische Verteilerbox, die die digitalen Befehle umsetzt in Schaltungen für die einzelnen Verbraucher.

Diese sind mit relativ kurzen Kabeln an die Verteilerbox angeschlossen. Das spart Kabelwege, womit auch die Querschnitte kleiner gewählt werden

Rechts der Eingang für die Stromkabel, vorn die Ausgänge zu den Verbrauchern: Verteilerbox von Mastervolt.

können. So sinken die Kosten für die Kabel und das Gewicht. Da die Verteilerboxen elektronische Signale umsetzen, sind allerlei Spielereien möglich. So können mittels Mobilfunk oder Bluetooth einzelne Stromkreise geschaltet werden, es können Batteriezustände überwacht werden und die Positionierung der Schalter an Bord nahezu beliebig gewählt werden. Schließlich reicht es aus, einfach das dünne Steuerkabel an das Bussystem anzuschließen, und schon kann beliebig geschaltet werden. Allerdings ist es zum Anschluss und zur Belegung der einzelnen Klemmen erforderlich, mit einem Laptop auf das System zuzugreifen. Das ist eher etwas für Fachleute und neben den höheren Kosten für die Geräte ein Nachteil der Bussysteme: Sie sind komplex, elektronisch und damit auf See oder am entfernten Ankerplatz kaum vom Nutzer zu reparieren. Zumindest auf größeren Yachten setzen sich die Systeme jedoch mehr und mehr durch.

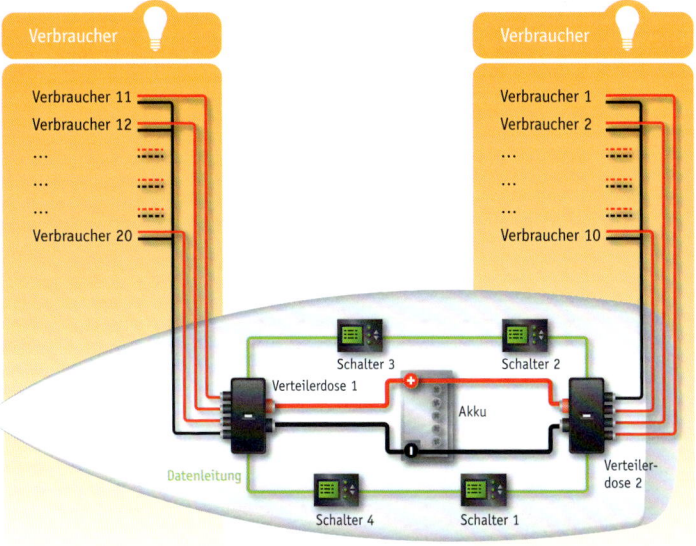

Bereits komplett etabliert sind Schaltungen mittels eines Relais. Sie werden vor allem verwendet, um große Lasten zu schalten. An Bord sind das üblicherweise die Ankerwinsch und Bug- und Heckstrahler. Auch hier ist die Idee ähnlich: Wegen der großen fließenden Ströme – es können deutlich mehr als 100 Ampere sein – wird der Akku möglichst dicht am Verbraucher platziert, der für Bugstrahler und Ankerwinsch also etwa unter der Vorschiffskoje.

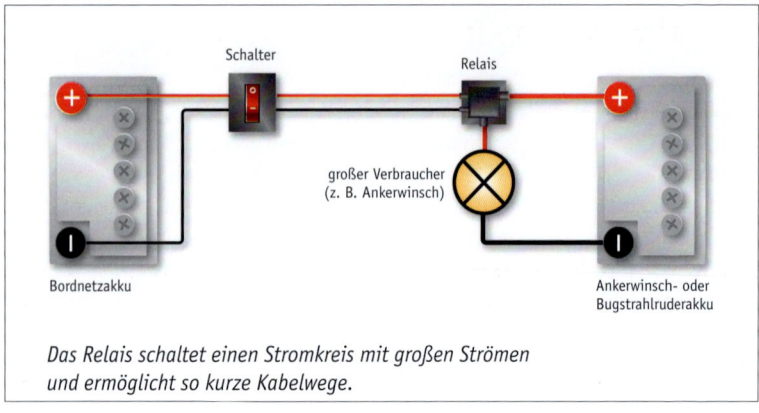

großer Verbraucher
(z. B. Ankerwinsch)

Schalter

Relais

Bordnetzakku

Ankerwinsch- oder
Bugstrahlruderakku

*Das Relais schaltet einen Stromkreis mit großen Strömen
und ermöglicht so kurze Kabelwege.*

Um nun nicht daumendicke Kabel von dort zum Steuerstand und wieder zurück legen zu müssen, schaltet man den Stromkreis mittels eines Relais. Das ist eine durch eine kleine Spannung und damit dünnen Kabeln bediente Fernschaltung. Ein Knopfdruck am Schalter des Steuerstandes lässt das Relais schließen, Strom fließt. Lässt man den Schalter los, öffnet das Relais, und der Stromkreis wird wieder unterbrochen. So können große Lasten über recht weite Entfernungen geschaltet werden, ohne lange, dicke Kabel verlegen zu müssen.

▶ Bussysteme trennen Schaltinformation und Stromfluss.

▶ Dadurch können insgesamt weniger Kabel verlegt werden.

▶ Mehr Komponenten bedeuten jedoch höhere Kosten und größere Komplexität.

▶ Da nur von Fachleuten zu konfigurieren, können Systemfehler auf See kaum mit Bordmitteln behoben werden.

▶ Dennoch setzen sich Bussysteme wegen immer komplexerer Bordnetze weiter durch.

5.3 Der Umformer

Komfort wie zu Hause: Das bedeutet für viele, auch dann an Bord über 230 Volt verfügen können, wenn das Schiff nicht im Hafen am Landstrom liegt – etwa vor Anker in der schönen Bucht oder auf See. Dafür sorgen 12- oder 24- auf 230-Volt-Umformer, auch »Wechselrichter« genannt. Sie gibt es in allerlei Größen und Ausführungen. Doch worauf gilt es zu achten?

Wie immer sollte man sich vor dem Kauf fragen, wozu das Gerät dienen soll. Wer notfalls auch mal Bohrmaschine oder Flex vor Anker betreiben will, braucht mehr Leistung als jemand, der nur mal eben das Handy aufladen oder den Laptop mit Strom versorgen will. Ganz zu schweigen von der Möglichkeit, elektrisch zu kochen. Doch der Reihe nach: Angenommen, man möchte den Laptop oder das iPad laden können, stellt sich die Frage, wie groß der Umformer sein muss.

Dazu hilft ein Blick auf das Netzteil des Geräts: dort steht beispielsweise »100–230V, 1,5 A«, dann folgt eine Wellenlinie und dann »50–60 Hz«. Was sagt uns das? Das Netzteil verträgt Spannungen von 100 bis 230 Volt, kann also auch in den USA, wo nur 110 Volt im Netz anliegen, verwendet werden. 1,5 A bedeutet, dass das Netzteil 1,5 Ampere Strom benötigt. Gehen wir davon aus, dass es die auch bei 230 Volt braucht, was meistens nicht der Fall ist, aber einige Reserven in die Kalkulation bringt, so brauchen wir einen Umformer, der mindestens 230 Volt × 1,5 Ampere (also 345 Watt) liefert. Die Größen der Umformer werden in Watt angegeben. Da die meisten Laptops diese Leistung benötigen, gibt es, nicht durch Zufall, genau diese 350-Watt-Klasse von fast allen Herstellern. Einfacher ist es bei etwa einer Flex. Bei ihr wird die Leistung direkt in Watt angegeben. Die kleineren Modelle haben beispielsweise 650 Watt. Dann ist schon ein recht großer Umformer vonnöten. Weiterhin muss auf den sogenannten Anlaufstrom geachtet werden. Der ist bei vielen Geräten mit Elektromotor, also Kühlkompressoren, Bohrmaschinen oder eben der Flex, deutlich höher als die angegebene Nennleistung. Auch das sollte der Wechselrichter verkraften können.

Was bedeutet nun die Wellenlinie? Das 230-Volt-Netz ist Wechselstrom – will heißen, die Polarität von Plus und Minus ändert sich. Die Angabe 50 Hz

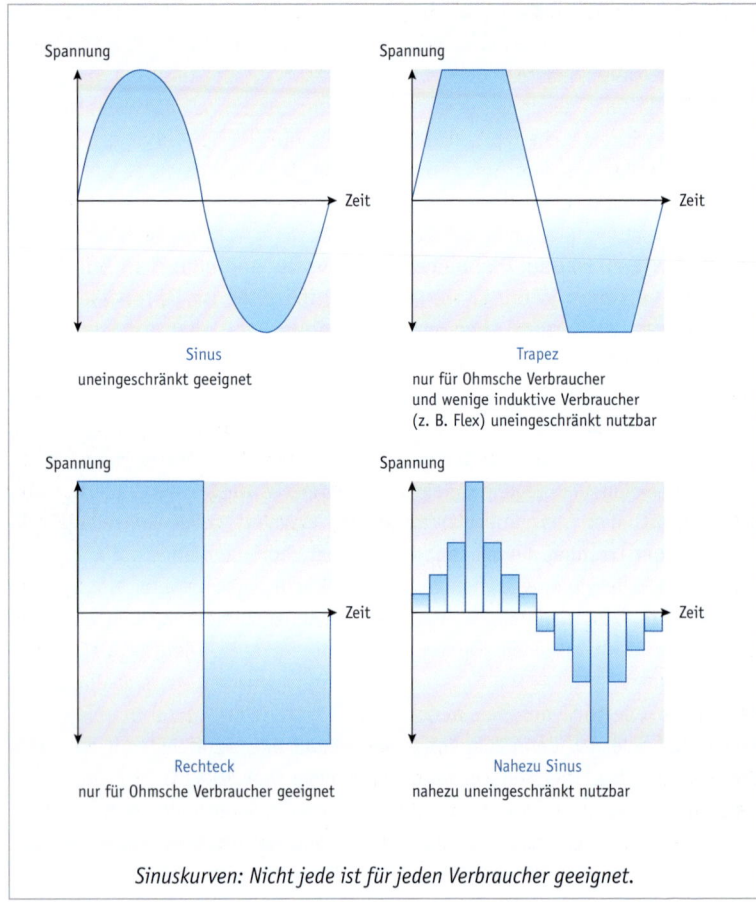

Sinuskurven: Nicht jede ist für jeden Verbraucher geeignet.

bedeutet, dass das 50 mal pro Sekunde geschieht. Aus den Bordakkus wird jedoch Gleichstrom geliefert. Der Umformer muss also nicht nur aus 12 Volt 230 generieren, sondern auch aus Gleichstrom Wechselstrom. Nun muss man sich den Wechsel der Polarität von Plus auf Minus nicht wie ein digitales Hin- und Herschalten vorstellen, sondern eher wie eine Wellenbewegung – schließlich hat die Umkehrung der Polarität etwas mit der Drehbewegung im stromerzeugenden Generator des Kraftwerks zu tun. Da die Drehung sehr gleichförmig ist, erfolgt der Polaritätswechsel in Form einer Sinuskurve.

In den Umformern arbeiten allerlei Spulen und Elektronik. Für sie wäre das eckige Umschalten leichter zu bewerkstelligen. Daher erkennt man den guten Wechselrichter an der Qualität der Sinuskurve. Diese Sinuskurve wiederum benötigen viele Geräte, um reibungslos oder gar überhaupt zu funktionieren.

Es gilt also, auf die Qualität der Sinuskurve zu achten. Zu eckige Sinuskurven können einige Verbraucher, besonders elektronische Geräte, sogar schädigen. Im Zweifel sollte man sich beim Kauf bestätigen lassen, dass der Umformer das Gerät, das man damit zu betreiben gedenkt, auch wirklich bedienen kann.

Ebenfalls wichtig für die Qualität der Wechselrichter ist der Wirkungsgrad: Wie viel Prozent des aus dem Bordakku gelieferten Stroms wird in der Ausgangsspannung bereitgestellt? Gute Geräte sollten bei etwa 90 Prozent liegen. Der Rest der Leistung wird in Wärme umgewandelt, weshalb die meisten Geräte über Kühlrippen und mitunter sogar über eine aktive Kühlung mittels Lüfter verfügen. Falls das der Fall ist, sollte man schon beim Kauf die Geräuschentwicklung beachten – laute Lüfter nerven.

Bei der Installation ist zu bedenken, dass mitunter große Ströme fließen. Ein Beispiel: Das Netzgerät des Notebooks benötigt, wie oben ermittelt, 345 Watt. Bei 230 Volt sind das 1,5 Ampere. Bei 12 Volt hingegen sind es schon knapp 30 Ampere. Daher gilt es, die Kabelwege möglichst kurz und die -querschnitte entsprechend üppig (vergleiche Tabelle Seite 16) zu wählen. Ebenso ist angesichts solch hoher Ströme die Kapazität der Bordakkus zu bedenken. Sie sind nach wenigen Stunden leer. Den tatsächlichen Verbrauch einzelner Endgeräte verrät die Batterieüberwachung an Bord oder ein Amperemeter. Da die Umformer auch Strom benötigen, wenn sie nicht belastet werden, empfiehlt sich ein Gerät mit separatem Schalter. Bei Nichtgebrauch kann man es einfach abschalten. Dass vor dem Umformer eine entsprechend dem Leitungsdurchmesser dimensionierte Sicherung platziert ist, versteht sich von selbst.

Einige Hersteller bieten zudem kombinierte Lader/Wechselrichter an, in denen der Umformer oder Wechselrichter bereits im Ladegerät integriert ist.

Hersteller von Umformern sind Victron, Sterling oder Waeco/Dometic; Hersteller von Kombigeräten Mastervolt, Victron, Sterling und Waeco/Dometic.

Umformer der Firma Victron mit Lüfter und Schuko-Dose.

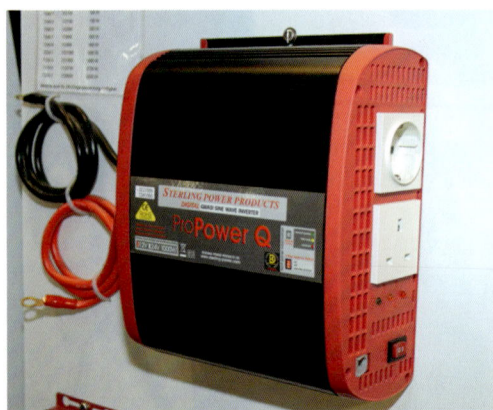

*Umformer von Sterling
mit Schuko-Dose.*

Umformer der Firma Waeco.

*Umformer und Ladegerät in einem:
Kombi von Mastervolt.*

▶ Umformer bringen eine Menge Komfort an Bord.

▶ Die gewählte Größe sollte zum gewünschten Einsatz passen (Endgeräte).

▶ Auf hohen Wirkungsgrad und saubere Sinuskurve achten!

▶ Umformer benötigen viel Strom aus den Bordakkus!

▶ Auf passende Absicherung und ausreichend dimensionierte Kabel achten!

5.4 Elektro- und Hybridantriebe

Lautlos und ohne Gestank in den Hafen gleiten, keine Warterei an der Tankstelle oder Chaos mit Kanistern mehr haben müssen – ein Elektroantrieb macht es möglich. Doch auch moderne Akkus bieten hier nicht die gleiche Autarkie wie ein Dieselantrieb. Die Lösung heißt Hybrid, eine Mischung aus beidem

Bei einem solchen Hybrid werden der Dieselmotor und der Elektroantrieb entweder parallel oder seriell betrieben. Im ersten Fall treiben Verbrennungs- oder E-Motor die Antriebswelle an. Wird nur der Diesel für den Antrieb verwendet, erzeugt der mitdrehende Elektromotor Strom für die Akkus. Im zweiten Fall, dem seriellen Hybrid, ist für den Antrieb ausschließlich der Elektromotor vorgesehen. Der Dieselmotor treibt einen Generator an und erzeugt so den benötigten Strom. Von der Antriebswelle ist er völlig entkoppelt. Bei einem gewöhnlichen E-Antrieb wird der Motor ausschließlich aus Akkus gespeist. Je nach System werden diese aus verschiedenen Quellen wie Solarzellen, Wind- oder Hydrogeneratoren wieder aufgeladen (siehe Kapitel 4). Allen drei Antrieben gemein ist, dass die Stromquellen, egal ob regenerativ oder als Generator, auf den hohen Bedarf des Antriebs ausgelegt sind und damit sobald die Yacht nicht mehr in Fahrt ist, der Antrieb also keine Leistung abfordert, reichlich Strom für andere Bordsysteme liefern

Elektromotoren stellen ihre volle Kraft ab der ersten Umdrehung zur Verfügung. Bei Verbrennungsmotoren steigt die bereitgestellte Leistung erst mit der Drehzahl an. Ein Dieselmotor, der auf dem Papier 30 PS leistet, wird im Alltag nur einen Teil davon zur Verfügung stellen, da lange Vollgasfahrten nicht empfehlenswert sind. Zudem wird bei Manövern die Kraft schon bei niedrigen Drehzahlen benötigt – niemand fährt Hafenmanöver mit Vollgas. Daher sind Dieselmotoren in der Regel überdimensioniert, um eben auch schon bei kleinen Drehzahlen ausreichende Kraft bereitstellen zu können. Der Elektromotor hingegen liefert seine Kraft bei Hafenmanövern unmittelbar ab. Auch längere Strecken mit Volllast können ihm nichts anhaben, auch wenn die Akkus dann schnell leer sind. Zudem ist ein Elektromotor nahezu wartungsfrei. Die Hersteller haben sich bereits auf verschiedene Antriebskonzepte eingestellt. So gibt es Motoren zum Anschluss an eine Wellenanlage, an einen Saildrive oder

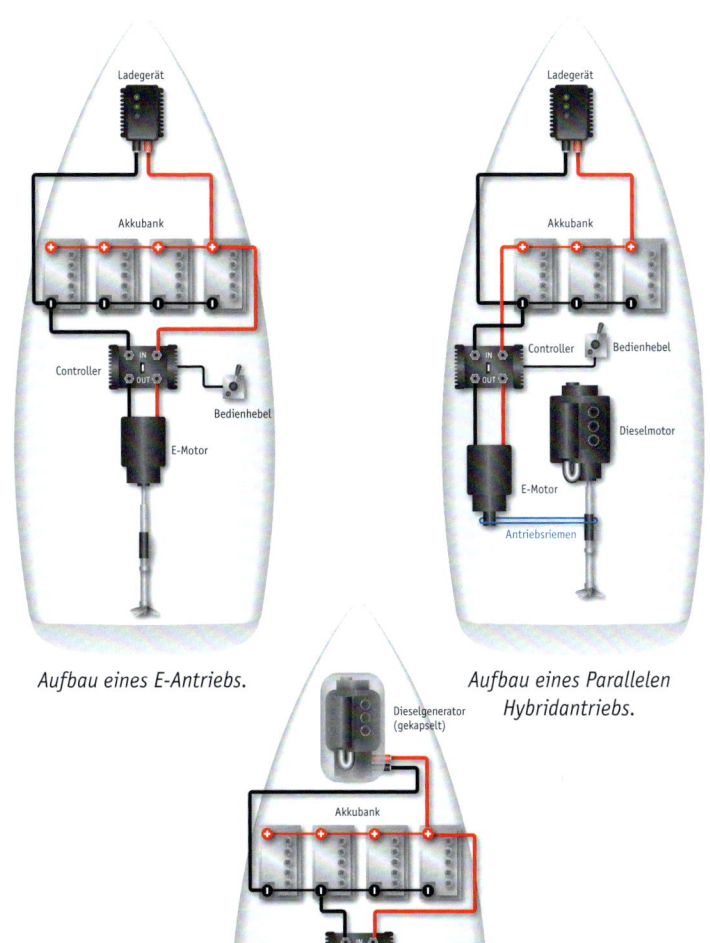

Aufbau eines E-Antriebs.

Aufbau eines Parallelen Hybridantriebs.

Aufbau eines seriellen Hybridantriebs.

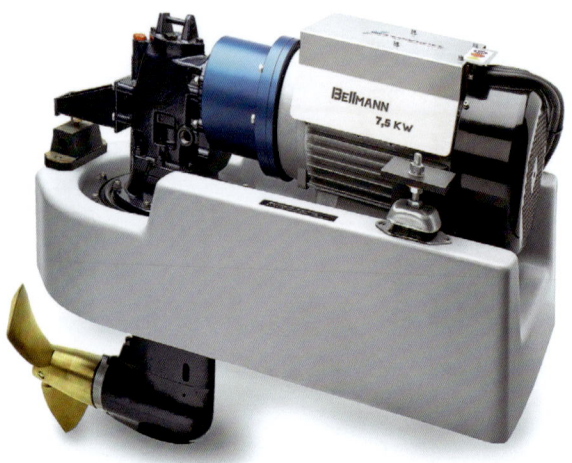

E-Antrieb mit Saildrive von Bellmann/Mastervolt.

sogar als Pod, also in Form einer Gondel, die unter dem Bootsrumpf installiert wird. Viele Vorteile also. Ganz abgesehen davon, dass einige Gewässer wie etwa der Chiemsee gar nicht erst mit Verbrennungsmotoren befahren werden dürfen. Betrachtet man dann noch die Geräuschs- und Geruchsarmut, lohnt es, über Elektro- und Hybridantriebe nachzudenken.

Eine typische, etwa sechs Tonnen schwere Elf-Meter-Segelyacht benötigt einen E-Motor mit zehn Kilowatt Leistung. Im üblichen 12-Volt-Bordnetz würden bei Volllast also über 800 Ampere Strom fließen. Die Kabel müssten so dick sein, dass das Boot allein durch sie zu schwer werden würde. Daher haben die Motoren eine Nennspannung von 48 oder 96 Volt. So reduziert sich der Strom auf handhabbare Werte. Solch ein E-Antriebssystem gibt es schon für rund 10 000 Euro inklusive Motor, Fahrhebel, Akkus, angepasstem Propeller und allen Umbauten – etwa das gleiche kostet ein Dieselmotor im Austausch. Der bietet allerdings solange Brennstoff im Tank ist unendliche Reichweiten. Um das bei einem E-Antrieb ebenfalls zu erreichen, muss ein Generator her. Ist er um den Verlustfaktor beim Laden größer als die maximale Leistungsaufnahme des E-Motors, kann er den für den Antrieb benötigten Strom jederzeit liefern. Resultat: unendliche Reichweite – natürlich auch je nach Tankgröße. Allerdings bezahlt man dafür einen höheren Preis, da das System über zwei Motoren verfügt, den Diesel und den elektrischen. Was es hierbei zu bedenken gilt, ist, dass auch für andere Bordsysteme der durch den Generator erzeugte Strom verfügbar ist. Theoretisch ist sogar elektrisches Kochen möglich. Sicher können aber Waschmaschine, Tiefkühler oder gar Klimaanlage

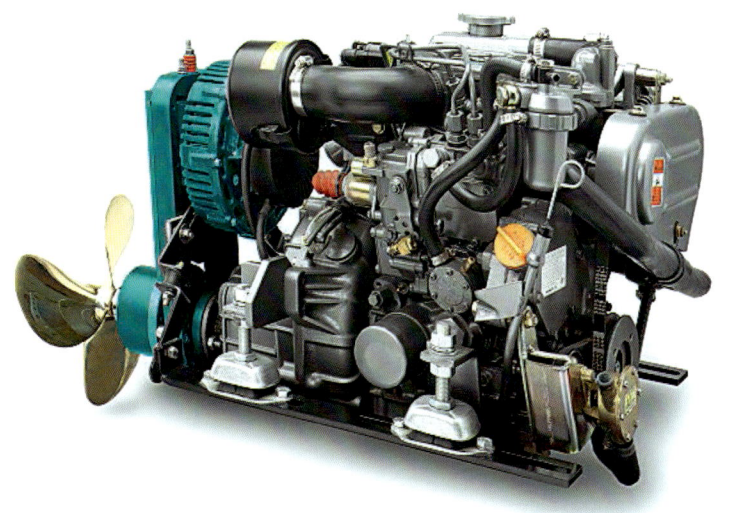

E-Motor in Grün, Diesel in Grau: Parallelhybrid von Yanmar.

betrieben werden. Dabei kann der Generator irgendwo an Bord installiert werden, wo gerade Platz ist. Obendrein ist er gut gegen Schall isoliert und damit recht leise – viele Gründe, die für ein serielles Hybridsystem sprechen.

Der Parallel-Hybrid basiert auf dem ganz normalen Schiffsdiesel. Dieser ist bei manchen Yachten nur unbefriedigend schallisoliert. Egal, wenn der E-Motor läuft und der Diesel schweigt, muss jedoch mittels Verbrennungsmotor und E-Antrieb, der dann als Generator fungiert, Strom erzeugt werden, arbeitet der Schiffsmotor wie üblich deutlich wahrnehmbar. Vorteil des Parallel-Hybrids: Elektro- und Verbrennungsmotor sind redundant installiert. Der eine kann den anderen also ersetzen, was ein Sicherheitsplus bedeutet.

Die sogenannte Laufzeitenangst ist das größte Hemmnis für die weitere Verbreitung von Elektroantrieben. Viele Skipper befürchten, dass just beim Abwettern eines Sturms die Akkus ihren Geist aufgeben und die Yacht manövrierunfähig umhertreibt. Aber: Wer sein Fahrverhalten einmal analysiert, wird schnell feststellen, dass der Diesel häufig nur zum An- und Ablegen oder zum Durchfahren einer Schleuse verwendet wird. Strecken, bei denen mehrere Stunden mit Vollgas gegen Wind und Strom motort wird, sind auch mit Dieselmotoren selten. Und dann könnte, wie beschrieben, der Hybrid helfen. Der Schlüssel zur weiten Verbreitung ist jedoch zweifelsohne die Akkutechnologie. Durch den Einsatz von Lithium-basierten Akkus werden Leistungsdichte und Leistungsgewicht deutlich erhöht. Pro Kilogramm Gewicht und pro Kubikzentimeter Bauraum kann der Akku also mehr Leistung zur Verfügung stellen. Und schon kann die Yacht mit einer Akkubank nicht mehr nur sechs, sondern zehn

Stunden motoren, bevor sie ans Stromkabel muss. Die Entwicklung geht also deutlich in Richtung E-Antriebe.

Ein weiterer Vorteil der E-Antriebe ist, dass ein Elektromotor, wenn er seinerseits von einer äußeren Kraft bewegt wird, Strom erzeugt. Wenn die Yacht also segelt und Fahrt durchs Wasser macht, kann über den Propeller der Elektromotor gedreht werden. Er erzeugt dann Strom. So kann die Yacht theoretisch den Strom selbst erzeugen, den sie zum An- und Ablegen unter Motor benötigt und obendrein das Bordnetz mit Strom versorgen – ähnlich wie ein Wellengenerator (siehe Kapitel 4.6). Allerdings muss der Propeller ausreichend groß sein, um genügend Kraft aus dem vorbeiströmenden Wasser entnehmen und damit den Motor drehen zu können. Dann aber bremst er die Fahrt des Schiffes in nicht unerheblichem Maß. Auch sind Faltpropeller zumeist nicht mehr geeignet, obwohl Mastervolt ein System vorstellt, dass auch mit Faltpropeller Strom erzeugt beziehungsweise den Prop wegfaltet, wenn maximale Segelgeschwindigkeit gefordert ist oder die Akkus voll sind. Da die meisten Propeller auf maximalen Vortrieb unter Maschinenantrieb ausgelegt sind, ist die Ausbeute beim sogenannten Regenerieren, also dem Laden der Akkus durch den E-Antrieb, eher gering. Dennoch: Die Möglichkeit besteht und die am Markt verfügbaren Systeme werden zahlreicher.

Ein Sonderfall sind Elektro-Außenborder. Sie bieten für Kleinkreuzer oder Beiboote die Möglichkeit, leise und vor allem leicht angetrieben zu werden. Zudem sind die Preise mitunter deutlich günstiger als die von gewöhnlichen

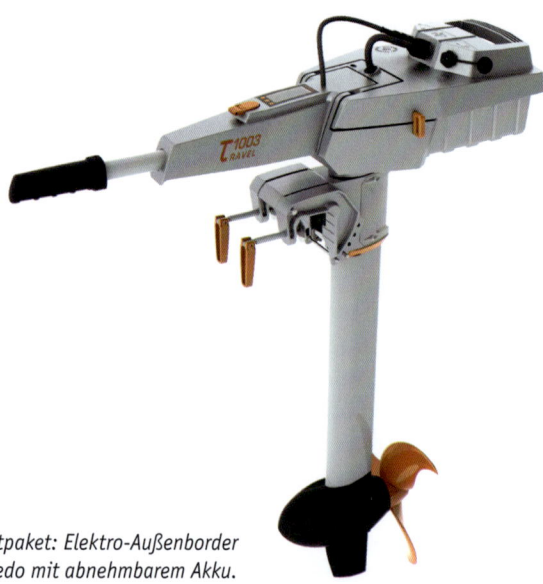

Kleines Kraftpaket: Elektro-Außenborder von Torqeedo mit abnehmbarem Akku.

Außenbordmotoren. Die Firma Torqeedo bietet dabei eine Lösung mit im Gehäuse integrierten Akkupaketen an, die mit wenigen Handgriffen getauscht werden können. Ist der eine Akku leer, wird einfach der nächste aufgesetzt. Leider sind die Produktpreise der innovativen Starnberger Firma noch recht hoch.

Anbieter von elektrischen und Hybrid-Antriebslösungen sind unter anderem
- Mastervolt,
- Fischer Panda,
- Einmeier Elektrobootsantriebe und
- African Cats Green Motion
- Oceanvolt.

▶ Elektroantriebe sind leise und geruchlos.

▶ E-Motoren liefern ihre Kraft ab der ersten Umdrehung und können deswegen nominell kleiner ausfallen als ein Dieselmotor.

▶ Der aus dem Hybridsystem erzeugte Strom steht auch anderen Bordsystemen zur Verfügung.

▶ Akkutechnologie ist der Schlüssel zur Verbreitung von Elektroantrieben.

▶ Elektroaußenborder sind leicht, leise und teilweise günstig.

6.1 Neue Komponenten anklemmen

Endlich: der erste GPS-Plotter ist gekauft, jetzt nur noch anklemmen, und los geht's! Doch wie geht das? Nicht eben einfacher wird es bei einem Solarpaneel oder einem Windgenerator. Dabei ist die Sache zumeist ganz simpel: Aus Stromverbrauch und Kabellänge den Querschnitt berechnen, Kabel besorgen, an die Sicherung denken, und schon sagt der neue Plotter, wo es lang geht.

Anklemmen eines weiteren Verbrauchers am Beispiel eines Kartenplotters

Wo würde man den Plotter anklemmen? Direkt auf die Batterie ist sicher keine gute Idee, denn dann würde sich dort mit wachsendem Bordnetz ein ganz schöner Wust an Klemmen sammeln. Zudem fehlt es dann an jeglicher Art der Absicherung des Stromkreises – außer man verwendet sogenannte

Überblick bewahren: Nicht wenige Schaltpaneele sehen von hinten so aus.

fliegende Sicherungen irgendwo im Pluskabel. Idealerweise verfügt die Yacht bereits über ein Schaltpaneel, das mit Kabeln von ausreichendem Querschnitt und gut abgesichert mit der Batterie verbunden ist. Noch besser, wenn auf diesem Paneel noch ein Schalter unbelegt ist. Dieser Schalter wird in der Regel über eine Absicherung für den Stromkreis verfügen – entweder über eine Schmelzsicherung, einen Automat oder der Schalter selbst ist schon der Sicherungsautomat.

Durch die geringe Stromaufnahme des Plotters und weil er sehr nahe am Schaltpaneel installiert wird, reichen 1,5 Quadratmillimeter dicke Kabel völlig aus. Dem Plotter liegt ein Kabel mit mehreren Adern in verschiedenen Farben bei. Die Bedienungsanleitung verrät uns, dass das Rote für Plus und das schwarze für Minus ist. Weitere Leitungen sind für die NMEA-Daten reserviert, etwa um die Position an das Funkgerät oder den Autopilot zu übertragen. Sie sollen uns hier nicht interessieren. Mittels Quetschverbindern werden nun an die Kabel des Plotters Verlängerungen angeklemmt, die bis zum Schaltpaneel reichen. Dort wird die Plusleitung ebenfalls mittels Quetschverbinder oder dem jeweils passenden Anschluss auf den freien Schalter geklemmt. Die Minusleitung wird an einen freien Platz auf der Sammelschiene für die Masseleitungen gelegt. Nachdem die Kabel ordentlich verlegt wurden, ist der Plotter einsatzbereit.

Dass es sich lohnen kann, über Absicherung und Kabelquerschnitte nachzudenken, zeigt folgendes Beispiel: Anstelle eines Plotters ist es eine Kühlbox, die angeklemmt werden soll. Sie passt genau unter die Vorschiffskoje. Kabelweg zum Schaltpaneel sieben Meter, Verbrauch 60 Watt. Bei einer Abschaltspannung von 10,5 Volt, also im schlechtesten Szenario, verbraucht die Kühlbox 5,7 Ampere. Die meisten Schaltpaneele haben Sicherungen mit fünf, zehn und 15 Ampere – erstere wäre hier schon nicht mehr geeignet. Auch der Kabelquerschnitt überrascht, denn laut Empfehlung sollten es schon vier Quadratmillimeter sein; ein übliches 2,5er-Kabel reicht nicht mehr aus. Müssen die Kabel so verlegt werden, dass sie anstatt sieben plötzlich neun Meter lang sind, so sollten sie laut Empfehlung schon sechs Quadratmillimeter dick sein.

Anklemmen einer Solarzelle mit Regler und Batteriemonitor

Um nicht so häufig an den Landstrom zu müssen, hat man sich für eine Solarzelle entschieden. Sie ist montiert und muss nur noch angeklemmt werden. Da an Bord ein Batteriemonitor seinen Dienst tut und dieser die Ausbeute der Solarzelle natürlich mit berücksichtigen muss, ist das Anklemmen etwas komplexer. Die Zelle liefert einen maximalen Strom von 50 Watt und ist fünf

Dort, wo bei ausgeschaltetem Hauptschalter an dessen Anschlüssen Spannung zu messen ist, muss der Solarregler angeklemmt werden.

Meter von den Anklemmpunkten entfernt verbaut. Doch wo muss sie angeklemmt werden? Von der Zelle kommen zwei Kabel, Plus und Minus. Der Regler für die Zelle hat vier Anschlüsse: zwei Eingänge und zwei Ausgänge, jeweils Plus und Minus. Die Kabel von der Zelle zum Regler (60 Watt bei 12 Volt) sind verlegt und angeklemmt. Da es sich um eine Energiequelle und nicht um einen Verbraucher handelt und sie nur Strom liefert, wenn genügend Spannung vorhanden ist, kann mit der Nennspannung von 12 Volt und einem Strom von etwa fünf Ampere gerechnet werden. Bei fünf Metern Kabelweg sind dann 2,5 Quadratmillimeter dicke Kabel erforderlich. Die beiden Kabel, die vom Regler kommen, müssen nun noch an der richtigen Stelle an das Bordnetz angeschlossen werden. Zum einen soll der Ertrag vom Batteriemonitor berücksichtigt werden, zum anderen soll das Bordnetz weiterhin über den Hauptschalter in der Plusleitung abschaltbar bleiben. Doch auch bei abgeschaltetem Bordnetz soll die Solarzelle unter der Woche, wenn das Schiff ungenutzt im Hafen liegt, Ladung an die Akkus abgeben. Dazu kann das Pluskabel vom Solarregler an den Hauptschalter geklemmt werden. Um herauszufinden, an welche seiner beiden Schrauben, muss man wie folgt vorgehen: den Hauptschalter ausschalten und mit dem Multimeter messen, an welcher der beiden Schrauben bei Schalterstellung »Aus« gegen den Minuspol der Batterie eine Spannung gemessen werden kann.

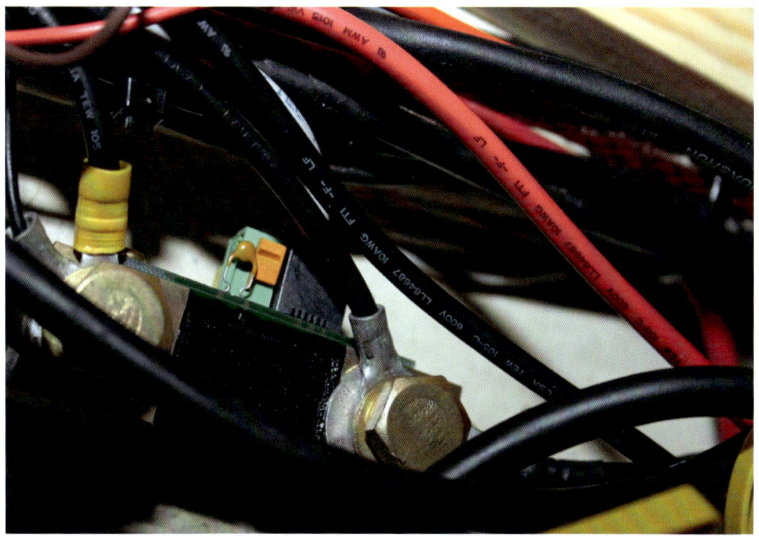

In der Minusleitung sitzt der Messshunt für den Batteriemanager. Die Minusleitung (gelber Kabelschuh) vom Regler muss netzseitig, nicht akkuseitig angeklemmt werden.

Das ist die Seite, die der Batterie zugeneigt ist, die also auch bei ausgeschaltetem Bordnetz mit der Batterie verbunden bleibt. Alternativ kann das Kabel auch direkt auf den Pluspol der Batterie geklemmt werden. Die Sicherung, die in diesen Stromkreis eingebaut werden muss, sollte möglichst nahe vor dem Hauptschalter oder bei direktem Anklemmen auf den Pluspol nahe an der Batterie verbaut werden.

Der Batteriemonitor weiß, wie voll der Akku ist, weil er permanent mitzählt, was heraus- und was hineingeht. Das geschieht mittels eines Messshunts. Das ist eine Installation, die in der Mitte über mehrere Metallplatten verfügt und an deren beiden Seiten Kabel angeschlossen sind. Die eine Seite geht direkt weiter zur Batterie, die andere Seite geht ins Bordnetz, etwa zur Masseverteilung am Schaltpaneel. Das Minuskabel vom Solarregler muss nun an der Bordnetzseite des Messshunts angeklemmt werden. So weiß der Batteriemonitor, wie viel Ladung von der Solarzelle in den Akku gelangt ist. Wenn jetzt die Sonne scheint, fließt auf dem richtigen Wege Strom in die Akkus.

- ▶ Beim Anklemmen neuer Komponenten immer auf korrekten Kabelquerschnitt und ausreichende Absicherung achten. ACHTUNG: Auf richtige Polung (Plus/Minus) achten!

- ▶ Alle Verbindungen mit Quetschverbindern oder Aderendhülsen ausführen und gegen Wasser schützen, um Übergangswiderstände zu vermeiden.

- ▶ Am Schaltpaneel das Pluskabel auf das Paneel legen und das Minuskabel auf die Sammelschiene für Masse.

- ▶ Energiequellen auf die Netzseite (die der Batterie abgewandte Seite) des Messshunts legen.

- ▶ Sicherungen für Energiequellen immer möglichst nahe an der Batterie verbauen.

6.2 Typische Fehlerquellen und deren Behebung

Die Bedingungen an Bord sind extrem: Hitze im Sommer, Kälte im Winterlager, dabei extreme Bewegungen und vor allem: Salzwasser. Elektrische Systeme mögen diese Kombination nicht und trotz guter Verarbeitung und Pflege können sie ausfallen. Nachfolgend einige typische Fehler, ihre Ursache und wie man sie beheben kann.

Für alle Fehler gilt im Folgenden: Eine Ursache beheben und zunächst prüfen, ob das System wieder funktioniert. Liegt nur ein einzelner Fehler vor, sollte das schnell gehen. Doch nicht gleich verzweifeln, wenn es mal nicht klappt. Oft können auch mehrere Fehler gleichzeitig vorliegen, sodass erst nach mehreren Versuchen das System wieder reibungslos funktioniert.

⚠️ **ACHTUNG:** Arbeiten mit Strom können tödlich sein! Vor allem bei Fehlern, die zu Ausfällen führen, ist die Gefahr, an stromführende Bauteile zu fassen und sich so unter Strom zu setzen, größer. Nicht nur bei Arbeiten am 230-Volt-Netz ist größte Vorsicht geboten! Immer das Bordnetz vom Strom trennen, bevor daran gearbeitet wird! Beim kleinsten Zweifel lieber einen Fachmann zu Rate ziehen. Auf See keine Experimente machen: Ein Kurzschluss kann zu einem Brand führen. Bei auftretenden Fehlern und wiederholt auslösenden Sicherungen lieber die Stromversorgung abschalten und in einen Hafen segeln oder zumindest den fehlerhaften Stromkreis durch die Sicherung dauerhaft trennen.

Motor startet nicht

Will der Motor nicht anlaufen, kann das eine ganze Reihe von Ursachen haben. Wir beschränken uns hier auf mögliche Gründe, die in der Elektrik liegen. Der Einfachste ist ein ausgeschalteter Hauptschalter: prüfen, ob der Schalter auf »An« steht. Ist das der Fall, ist die nächste mögliche Ursache ein leerer

Ordentlich gesichert und mit Schutzkappen über den Polklemmen: nasser Blei-Starterakku.

Starterakku. Das sollte unter normalen Umständen nicht passieren, aber im Frühling nach einem langen kalten Winter kann, ohne den Akku zuvor geladen zu haben, dieser schon mal zu wenig Ladung haben, um die Vorglüh- und Startprozedur zu befeuern. Die einfachste Lösung ist dann schlicht das Aufladen mit einem Ladegerät.

Startet der Motor nach einem Segeltörn nicht mehr, kann auch das an einem leeren Starterakku liegen. Geht der Voltmeter beim Vorglühen auf zehn oder sogar weniger Volt herunter, ist das ein Anzeichen für einen defekten Akku. Dreht dann der Startmotor nur langsam oder ist nur ein Klicken zu hören, ist der Akku leer. Dann kann es helfen, wenn möglich den Serviceakku mit aufzuschalten oder zum Starten die beiden Akkus einfach zu tauschen – vorausgesetzt, der andere Energiespeicher an Bord ist noch ausreichend voll für einen Start des Motors. Einige wenige Motoren lassen sich auch noch von Hand anwerfen. Dazu die Anweisungen im Handbuch befolgen. Ein leerer Akku kann aufgeladen werden. Wenn er jedoch einmal derart tief entladen ist, kann es sein, dass er getauscht werden muss. Akkus gehen nach einigen Jahren einfach kaputt. Dennoch sollte unbedingt geprüft werden, ob bei abgeschaltetem Motor ohne Landanschluss und wenn der Motor steht Strom aus dem Starterakku entnommen wird, es also einen Kriechstrom gibt (siehe S. 30 Strommessung). Ist das der Fall, muss vor dem Einbau eines neuen Akkus der Fehler gefunden und behoben werden, da ansonsten auch der Neue recht bald leer sein wird.

Messen eines eventuellen Kriechstroms: Dazu das Multimeter an einen Batteriepol in Reihe klemmen. Vorher alle Verbraucher abschalten.

Startet der Motor nicht, bleibt die Spannung beim Vorglühen aber bei über 12 Volt und ist beim Drehen des Schlüssels nur ein Klicken zu hören, so liegt die Ursache zumeist am Relais des Anlassers. Denn dort, wie auch bei der Ankerwinsch, wird der große fließende Strom beim Starten nicht über das Zündschloss, sondern mittels eines Relais direkt am Anlasser geschaltet. Nach einer langen

Klemmt der Anlasser, vorsichtig mit dem Hammerstiel auf das Relais klopfen. Es liegt immer dicht am Anlasser selbst.

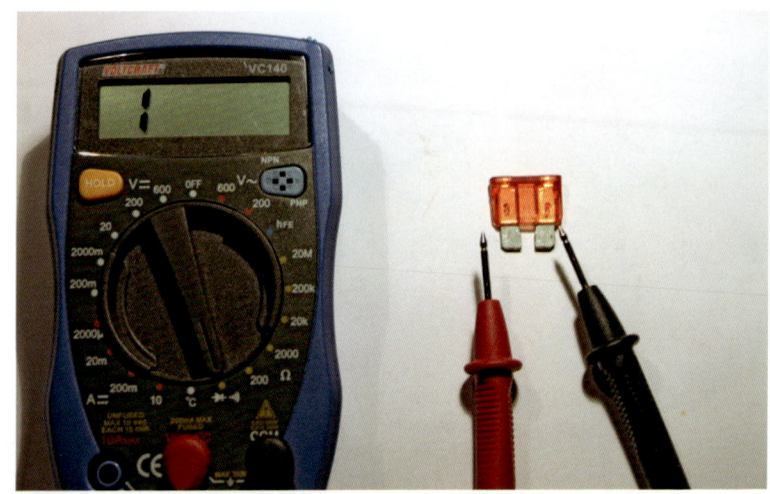

Multimeter auf »Durchpiepsen« und Testspitzen auf die Enden halten: Piepst es, hat die Sicherung Durchgang und ist in Ordnung.

Winterpause kann dieses festhängen. Einige sanfte Schläge mit dem Hammerstiel auf das Gehäuse des Relais können es wieder befreien. Tritt der Fehler erneut auf, steht eine Reinigung oder ein Austausch an.

Es ist außerdem möglich, den Schaltvorgang des Relais direkt am Anlasser mit dem Stiel eines Schraubendrehers zu überbrücken. Da sollte jedoch nur tun, wer genau darauf achtet, den metallischen Stiel dabei nicht zu berühren und wer weiß, was er tut. Im Zweifel lässt man sich besser einschleppen oder segelt in den Hafen.

Elektrisches Gerät funktioniert nicht (Unterspannung, Widerstände, Sicherung)

Auch hierfür sind mehrere Ursachen möglich. Zunächst kann – ganz simpel – die Sicherung durchgebrannt sein, sofern es sich um eine Schmelzsicherung handelt. Sie muss dann getauscht werden. Bei einem Sicherungsautomat kann der Stromkreis durch Knopfdruck wieder verwendet werden.

Allerdings muss unbedingt die Ursache für das Auslösen der Sicherung gefunden werden. Gibt es einen Kurzschluss? Sind Kabelisolierungen defekt? Dazu einfach den Kabeln des Stromkreises einmal folgen und schauen, ob alles in Ordnung ist. Gleiches gilt für einen Wackelkontakt. Das bedeutet, dass eine Verbindung nicht richtig hält. Funktioniert das Gerät mal und mal nicht, ist der »Wackler« häufig

Der Kabelschuh ist durch Vibrationen abgerutscht. Nach dem Aufstecken kann er mit einer Zange vorsichtig etwas zugequetscht werden.

Beim Zuquetschen darauf achten, dass sich der vordere Teil der Verbindung nicht verformt. Sie hält dann nicht mehr auf ihrem Gegenstück.

die Ursache dafür. Dazu vor allem die Kontaktstellen absuchen. Wurden Quetschverbinder verwendet, so kann es sein, dass diese sich lösen. Dann den Schuh ein wenig zubiegen, sodass er besser klemmt, und zusätzlich durch Schrumpfschlauch sichern.

Einige Bordgeräte, wie etwa die Kühlbox und elektronische Komponenten, verfügen über einen Unterspannungsschutz. Er schaltet das Gerät ab, wenn die anliegende Spannung zu gering ist. Ist dies der Fall, gilt es, die Ursache dafür zu finden. Oft sind leere Akkus die Ursache. Hier hilft schlichtes Aufladen. Sind die Stromspeicher jedoch voll und fällt das Gerät dennoch unterspannungsbedingt aus, liegt das oft an zu hohen Widerständen in den Kabeln. Hier hilft nur der Austausch der alten, dünnen und womöglich zigmal verlängerten Drähte gegen solche mit ordentlichen Querschnitten und möglichst wenigen

Mithilfe der Bedienungsanleitung lässt sich die Kühlbox leicht auf eine niedrigere Unterspannung einstellen.

Klein und hier rot: die Sicherung an der Rückseite eines Autoradios.

Verbindungen. Kurzfristig kann bei einigen Geräten die Ausschaltspannung herabgesetzt werden. Bei Kühlboxen ist das oft der Fall, denn sie brauchen beim Anlaufen besonders viel Strom, wodurch die Spannung kurz »in die Knie« geht. Ist der Kompressor jedoch einmal angelaufen, braucht er weniger Strom und der Akku kann das Bordnetz noch locker auf Spannung halten. Es kann also sinnvoll sein, die untere Spannungsgrenze herabzusetzen. Doch Achtung: Irgendwann kann das zur Schädigung des Akkus führen.

Einige Geräte, wie etwa Autoradios, verfügen über eine eigene Sicherung. Sie sind dann zusätzlich zur Sicherung im Bordstromkreis abgesichert. Wenn also das Radio nicht funktioniert, kann das an der hinten am Gerät befindlichen Sicherung liegen. Glücklich, wer Ersatz in der passenden Größe an Bord hat. ACHTUNG: Sicherungen niemals durch größere ersetzen!

Ankerwinsch funktioniert nicht (Relais, Akku)

Hierfür gibt es meistens drei mögliche Ursachen. Erstens kann schlicht der Akku zu schwach sein – da hilft nur, die Maschine mitlaufen zu lassen, was allerdings ohnehin bei Ankermanövern üblich ist. Eine leicht erhöhte Leerlaufdrehzahl kann schon ein wenig Abhilfe schaffen. Auch kann die Winsch entlastet werden, indem mit der Maschine auf den Anker zu motort wird. So muss die Winsch nur das Gewicht der Kette und nicht auch noch die Yacht durchs Wasser ziehen.

Die andere Möglichkeit ist ein defektes Relais. Es kann durchgebrannt sein oder einfach festhängen. Auch hier können einige sanfte Schläge mit dem

Drei Eingänge für zwei Schalter (zweimal Plus, einmal Minus) und die Ausgänge für die hohen Ströme verdeckt auf der Oberseite: Ankerwinsch-Relais.

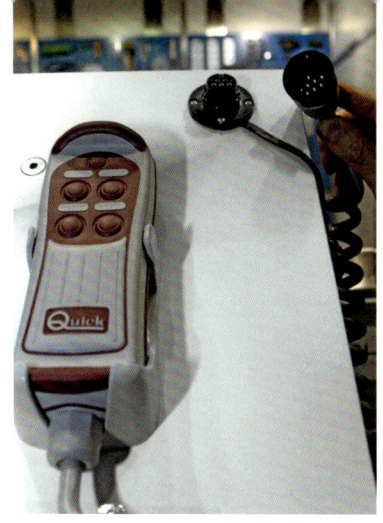

Oft im Ankerkasten und oft stark korrodiert: die Kontakte der Fernbedienung der Ankerwinsch. Nach Reinigung mit Kontaktspray einsprühen.

Hammerstiel helfen. Bringt das nichts, kann manuell überbrückt werden. Dazu die Verbindung, die das Relais herstellen sollte, mit einem dicken Schraubendreher erzeugen. ACHTUNG: Auf Isolation zu den Händen achten, da hier unangenehm hohe Ströme fließen!

Die dritte Möglichkeit sind korrodierte Kontakte. Oft ist die Ankerwinsch im Ankerkasten verbaut. Hier herrscht ein elektrisches Reizklima, denn die Kette befördert Salzwasser hinein und wenn dieses im Sonnenlicht verdampft, dringt es in jede Ritze. Ungeschützte Verbindungen, etwa an der Fernbedienung der Winsch, oder die Anschlüsse selbst werden binnen kurzer Zeit mit einer isolierenden Salzkruste versehen sein. Hier hilft das Reinigen der Verbindungsstellen, bis eine metallisch glänzende Oberfläche auf beiden Seiten zu sehen ist. Etwas Kontaktspray und/oder Schrumpfschlauch halten den Zustand aufrecht und gewährleisten reibungslose Funktion.

Lampe im Mast leuchtet nicht (Leuchtmittel OK?)

Hierzu muss zunächst herausgefunden werden, ob der Fehler im Schiff, am Stecker oder im Mast liegt. Dazu die Lampe am Schaltpaneel einschalten und an Deck im Stecker messen, ob Spannung anliegt. Liegt Spannung im Stecker an Deck an, ist der Mast an der Reihe.

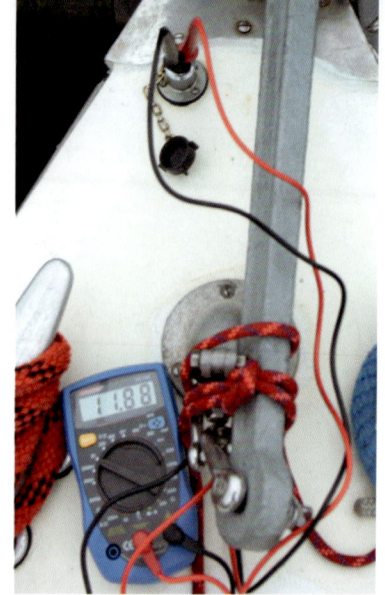

Am mastseitigen Stecker kann nur der Durchgang geprüft werden, da im Mast keine Spannung anliegt. Ist auch dieser vorhanden, liegt der Fehler oft in den Kontakten des Steckers selbst. Hat der Mast keinen Durchgang, ist wahrscheinlich das Leuchtmittel defekt. Dann muss jemand hinauf, um es zu tauschen. Ist es der Stecker, so gilt es zunächst, die Kontaktstifte von Korrosion zu befreien und mit etwas Kontaktspray zu versuchen, den Durchgang wiederherzustellen. Hilft das nicht, kann es sein, dass im Stecker ein Kabel locker ist. Dann diesen öffnen, prüfen und das Kabel wieder befestigen.

Spannung liegt an: Funktionieren wie hier die Positionslampen dennoch nicht, liegt der Fehler nicht unter, sondern an Deck.

Das Innenleben des Deckssteckers: Mit den Schrauben in den Messinghülsen wird das Kabel geklemmt. Nachteil: kein Platz für Aderendhülsen.

Kommt kein Strom an Deck an, liegt der Fehler im Schiff. Dazu zunächst die Sicherung prüfen, dann den Kabeln folgen und alle Kontakte kontrollieren. Auch hier kann der Fehler im Stecker liegen, wenn dort Kabel locker oder Kontakte korrodiert sind.

Ladekontrolllampe erlischt nach dem Start nicht (Keilriemenspannung OK, alle Kabel fest?)

Nach dem Starten des Motors pendelt sich die Spannung im Bordnetz irgendwo zwischen 12 und 14,7 Volt, je nach Akkutechnologie und Lichtmaschinenregler, ein. Tut sie das nicht, beginnt die Ladekontrolllampe am Instrumentenpaneel des Motors zu leuchten. Liegt sie unter 12 Volt, so kommt zu wenig Spannung am Voltmeter an. Das kann an losen Kabeln liegen und an zu wenig Spannung des Keilriemens, sodass die Lichtmaschine zu langsam dreht. Zunächst die Maschine abstellen und nach losen Kabeln an der Lichtmaschine

Lässt sich der Keilriemen etwa einen bis anderthalb Zentimeter eindrücken, ist er gut eingestellt, ist es mehr, heißt es nachspannen. Zuviel Spannung ist jedoch schlecht für die Wellenlager.

suchen und, wenn gefunden, diese wieder befestigen. Außerdem den Keilriemen so spannen, dass er sich auf der größten freien Strecke etwa einen bis anderthalb Zentimeter eindrücken lässt. ACHTUNG: Bei einigen Motoren versorgt der Keilriemen zudem die Wasserpumpe! Ist er zu locker, setzt auch die Kühlung aus.

Ist die Spannung im Bordnetz zu hoch und leuchtet deshalb die Kontrolllampe auf, so ist der Regler der Lichtmaschine defekt. Die meisten Dieselmotoren können auch ohne eine angeschlossene Batterie funktionieren, was man in der Bedienungsanleitung herausfinden kann. Ist das der Fall, den Starterakku bei laufendem Motor abklemmen, um ihn vor Schaden zu bewahren. ACHTUNG: Die Polklemmen dürfen sich keinesfalls berühren! So kann problemlos bis in den nächsten Hafen motort werden. Der Lichtmaschinenregler muss ausgetauscht werden. Bei neueren Modellen befindet sich der Regler innerhalb des Gehäuses der Lichtmaschine, sodass diese ebenfalls getauscht werden muss.

Bordnetzspannung steigt trotz Landstromanschluss nicht an

Üblicherweise liegt die Spannung im Bordnetz, wenn der Motor nicht läuft und kein Landstrom-basiertes Ladegerät angeschlossen wurde, bei etwa 12,5 Volt.

Sobald jedoch das Ladegerät mit Strom vom Steg versorgt wird, steigt die Spannung des Bordnetzes langsam an – ein Zeichen, dass das Ladegerät die Akkus lädt. Steigt die Spannung nicht, so arbeitet das Ladegerät offenbar nicht. Oft zeigen Leuchtdioden auf den Ladegeräten den Zustand an. Leuchten sie nicht, erhält das Gerät keinen Strom. Hat die Sicherung des 230-Volt-Netzes ausgelöst? Oder der FI-Schalter? Hat sich ein Kabel am Ladegerät gelöst oder ist der Kontakt korro-

Muss frei bleiben: der Lüfter des Batterieladers.

diert? Wenn ja, diese Fehler beheben. Wenn nein, kann es sein, dass das Ladegerät sich selbst wegen Übertemperatur ausgeschaltet hat. Viele Ladegeräte verfügen über einen Lüfter. Wird es nun an dem Ort, wo es verbaut wurde, zu warm, geht es in Störung. Dann für etwas Kühlung sorgen und nach einer Weile das Ladegerät wieder einschalten.

War auch das nicht die Ursache, gilt es, auf der 12-Volt-Seite zu suchen. Sind alle Kabel fest? Auch die Polklemmen der Batterie? Ist das alles geprüft, kann noch das Ladegerät selbst defekt sein. Daran lässt sich mit Bordmitteln wenig ausrichten. Eine Reparatur oder ein Austausch steht dann an.

Kein Landstrom

Obwohl der Stecker ordnungsgemäß angebracht wurde, kommt auf dem Schiff kein Landstrom an. Der erste Weg führt dann zum Stromkasten. Oft ist dort einfach eine Sicherung umgelegt worden.

Eventuell in Absprache mit dem Hafenmeister diese wieder aktivieren. Ist sie an und das Problem nicht gelöst, gilt es, den Fehler einzukreisen. Zunächst mit dem Multimeter messen, ob im Stecker auf dem Steg Spannung anliegt. ACHTUNG: 230 Volt können tödlich sein! Auf die richtige Einstellung des Multimeters achten (bis 400 Volt Wechselstrom) und dann vorsichtig gleichzeitig in jedes der beiden kleineren Löcher der Steckdose einen der Messstäbe des Multimeters einführen und so messen. Tun sie das nur, wenn sie sich dabei

Nicht immer frei zugänglich: die Sicherungen im Yachthafen.

sicher fühlen! Liegt hier keine Spannung an, ist der Hafenmeister gefragt, denn dann steckt der Fehler irgendwo im Steg. Liegt Spannung an, so steckt der Fehler entweder im Kabel (Durchgangsprüfung durchführen) oder an Bord. Dort dann ohne angeschlossenes Kabel (ACHTUNG: Also vom Landstrom komplett getrennt!) alle Kontakte überprüfen und schauen, ob Sicherung oder FI-Schalter ausgelöst haben. Wenn ja, diese wieder aktivieren. Dann sollte es an Bord wieder Strom geben.

Bezugsquellen

Ladegeräte und Wechselrichter:
- Mastervolt, HYPERLINK »http://www.mastervolt.de«www.mastervolt.de
- Quick, zu beziehen über Lindemann KG, www.lindemann-kg.de
- Sterling, zu beziehen über Gotthardt, www.gotthardt-yacht.de
- Victron, www.victronenergy.de
- Philippi, www.philippi-online.de
- Waeco, www.waeco.com
- C-Tek, www.ctek.com

Akkus
- Transwatt, Li-Fe Akkus, www.transwatt.de
- Vetus, www.vetus.com
- Lifeline Akkus, www.lifeline-batterien.de
- Optima, www.optima-batterien.eu
- Varta, www.varta.de
- Torqeedo, www.torqeedo.com
- Mastervolt, s. o.
- Victron, s. o.

Stromerzeuger
- Watt&Sea, zu beziehen über www.bukh-bremen.de
- Wellengenerator, www.yachttechnik.de
- Superwind, www.superwind.com
- Leading Edge, Vertikalwindgenerator, HYPERLINK »http://www.shipshop.de« www.shipshop.de
- Marlec Rutland Windgeneratoren, www.shipshop.de
- Aquair, www.shipshop.de
- Solara, www.soalra.de

- Efoy, www.efoy.com
- Enymotion, www.enymotion.de
- Fischer Panda, HYPERLINK »http://www.fischerpanda.de« www.fischerpanda.de
- Whisper Power, www.whisperpower.nl
- Benzingenerator (Compass, Honda), zum Beispiel über HYPERLINK »http://www.compass24.de« www.compass24.de oder www.honda.de/industrie

Elektro- und Hybridantriebe
- Torqeedo, s. o.
- Einmeier E-Antriebe, www.elektrobootsmotore.de
- Oceanvolt, www.oceanvolt.com
- African Cats Green Motion, www.africancats.com
- Mastervolt, s. o.

Diverses
- Knipex, Werkzeug, im Baumarkt oder unter www.knipex.de
- Lopolight, Navigatioensbeleuchtung, HYPERLINK »http://www.frisch-zetrale.de« www.frisch-zetrale.de
- Hella, Auquasignal, Navigationsbeleuchtung, beides über www.bukh-bremen.de
- Borddurchlass Wärmetauscher z. B. von Isotherm über www.bukh-bremen.de